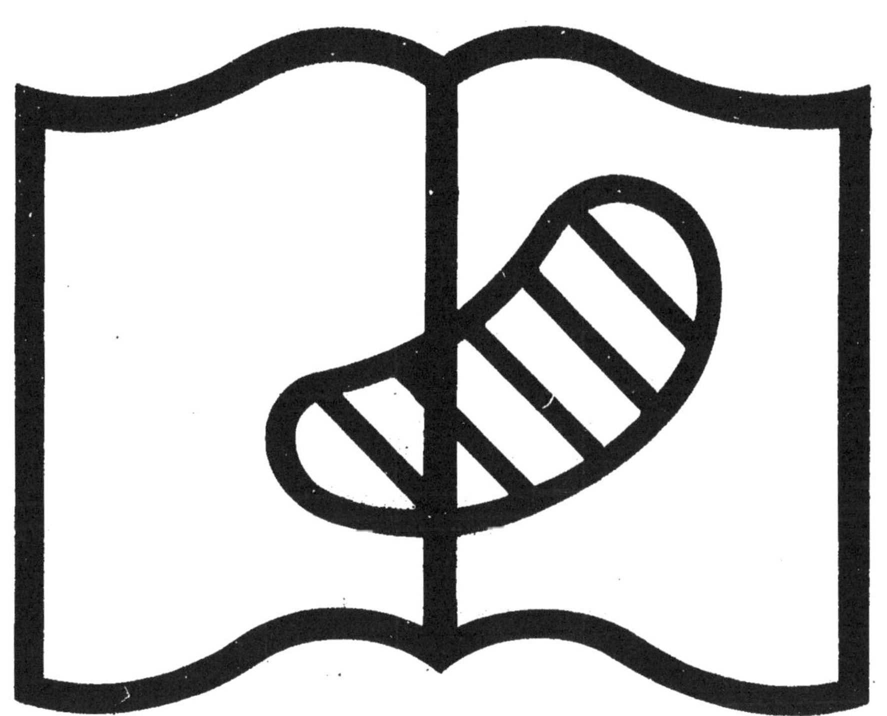

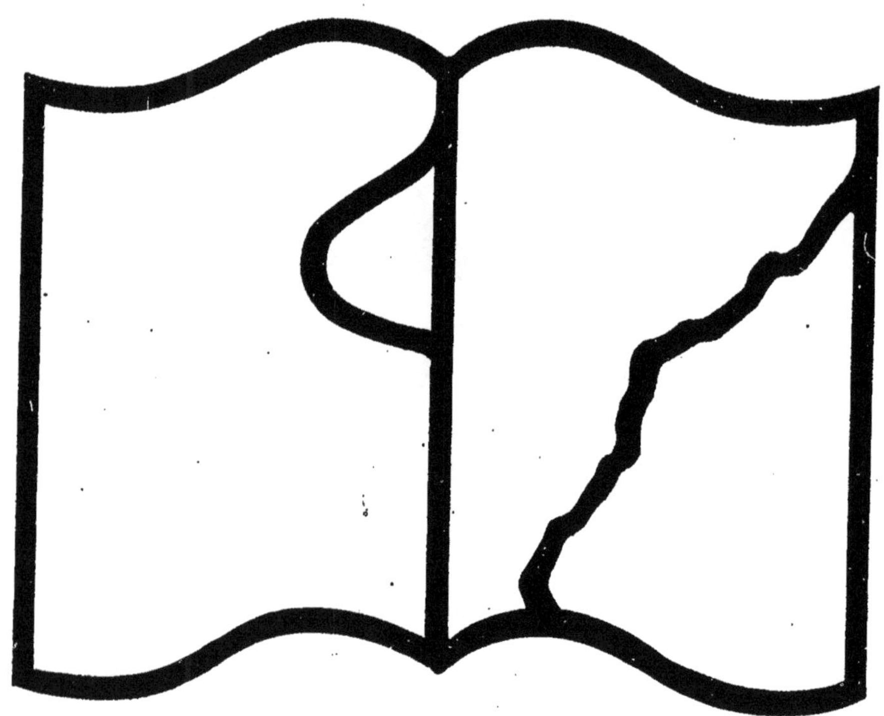

Texte détérioré — reliure défectueuse

NF Z 43-120-11

Symbole applicable
pour tout,ou partie
des documents microfilmés

L'ASTROLOGIE DÉVOILÉE

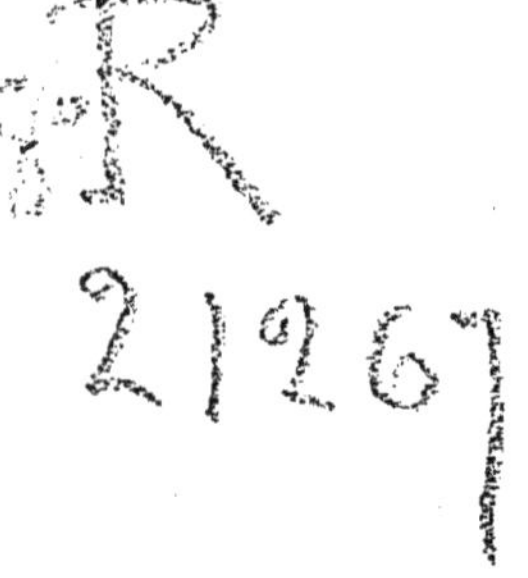

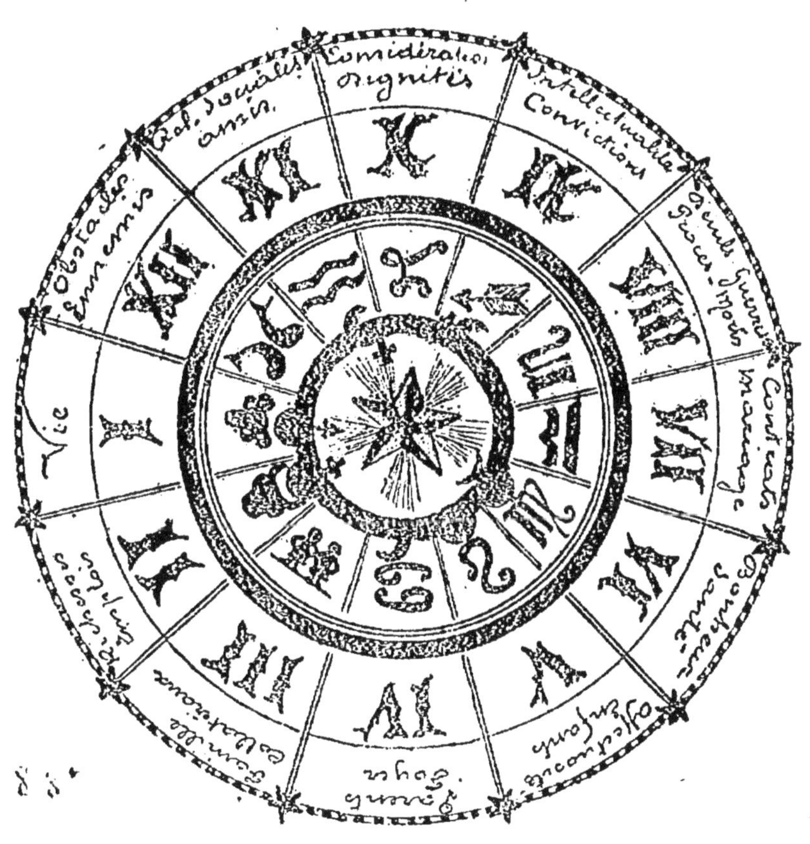

Considération
dignités
Intellectualité
Convictions
Rel. sociales
amis
Obstacles
Ennemis
Vie

Tout le Monde Astrologue

L'Astrologie Dévoilée

par LUC ORION

Connaissance pratique de sa Destinée
d'après la Tradition et la Science

PARIS
LIBRAIRIE DES PUBLICATIONS POPULAIRES
16, Rue des Fossés-Saint-Jacques, 16

Si vous croyez à la puissance infinie de la Science,

Lisez ce Livre!

Si vous voulez connaître votre avenir et celui de vos enfants,

Lisez ce Livre!

Si vous voulez être heureux, vous et ceux qui vous sont chers,

Lisez ce Livre!

L'ASTROLOGIE DÉVOILÉE

AVANT-PROPOS

L'homme a deux désirs : *Etre heureux*, et *savoir s'il le sera.*

De tout temps, en tous lieux, chez les peuples les plus civilisés et dans les tribus sauvages, tous, savants et ignorants, âmes simples et esprits raffinés, ont également cherché à déchirer le voile qui nous dérobe la destinée, et à se rendre propices les forces mystérieuses qui y président.

Ce double but peut-il être atteint ?

Un premier et simple raisonnement nous permet de répondre par l'affirmative.

La logique veut que, par cela même qu'un instinct existe dans l'âme de chaque individu, cet instinct soit présumé légitime, corresponde à des fins connues ou mystérieuses et doive être satisfait.

La nature, en effet, est une bonne mère ; elle a soumis l'homme à des besoins nombreux, impérieux et divers, mais chacun d'eux a son utilité et elle a placé à notre portée les moyens de le satisfaire.

Elle nous fait subir la faim ; — c'est pour nous inciter à alimenter cette machine thermique, qu'est l'organisme humain; — et elle nous met sous la main l'infinie variété des produits de l'air, des eaux et de la terre, pour fournir à notre nourriture.

Elle nous rend sensibles aux rudes atteintes du froid ; — c'est pour nous contraindre au travail, source de civilisation et de progrès; — et elle nous permet d'arracher des entrailles de la terre les granits et les marbres, d'où seront construites nos habitations somptueuses ou commodes ; — elle nous a appris à préparer des vêtements, qui, en même temps qu'une protection, seront pour nous une parure et parfois un orgueil.

Elle nous soumet aux ardeurs de la passion et à l'attraction des sexes ; — c'est pour nous forcer d'obéir à la grande loi de perpétuité des races; — et elle nous offre les joies de la famille, les frissons de la volupté et les attraits de l'Amour.

Elle a mis en nous le besoin de connaître la raison suprême des choses; — c'est parce qu'il entrait dans ses vues que l'homme domptât la matière ; — et elle nous a ouvert tout grand le livre, où sont écrits ses mystères et, de loin en loin, à travers les âges, elle enfante des génies qui en tournent pour nous les feuillets.

Si donc, elle nous fait ressentir un désir passionné d'apprendre l'Avenir ; — c'est parce que nous pouvons le connaître et parce qu'il est utile que nous le connaissions, sans doute, afin de pouvoir le modifier, et combiner, dans la marche des choses humaines, le raisonnement éclairé à la force aveugle, la volonté à la Fatalité.

Quels sont les moyens à employer pour cela ? Beaucoup ont été proposés et essayés.

Certains n'étaient que des divertissements où se berçait l'impatience de notre esprit ; — d'autres trop souvent constituaient des appâts, où se prenait la crédulité humaine.

Mais il doit en exister qui se basent uniquement sur la raison éclairée par la Science.

Celle-ci, en effet, a donné à l'homme le passé ; elle lui a permis d'évoquer les sociétés et les mondes disparus ; elle lui donne le présent et lui dévoile les mystères de la nature ; elle doit, pour compléter son œuvre, lui permettre de sonder d'un œil investigateur les ténèbres de l'avenir.

Grâce à elle, l'homme a pu faire des forces naturelles des auxiliaires et des esclaves : la vapeur et le vent le transportent ; la foudre transmet sa pensée, la terre lui offre libéralement ses trésors ; il perce les montagnes, réunit les océans. Pourquoi donc, toujours grâce à elle, ne pourrait-il pas étendre son empire sur les forces mêmes qui président à notre destinée.

C'est donc à elle que nous demanderons de nous aider dans l'étude qui va suivre ; c'est en nous éclairant des lumières que nous fourniront la philosophie, l'astronomie, les sciences naturelles et mathématiques, l'histoire : — c'est en nous appuyant sur la rigueur des déductions, que nous résoudrons le triple problème qui se pose dans ce livre.

Y-a-t-il des forces mystérieuses et fatales qui régissent la destinée des hommes et quelles sont-elles ?

Est-il possible d'arriver à découvrir la clef du destin et par suite de déterminer scientifiquement l'avenir de chacun de nous ?

Une fois cet avenir connu, pouvons-nous le modifier et par quels moyens ?

*
* *

Nous ne méconnaissons pas la difficulté de la tâche ainsi délimitée, et elle est d'autant plus grande que, si nous entendons écrire un ouvrage de science, c'est-à-dire destiné à répondre aux objections des sceptiques, nous souhaitons aussi, — et avant tout, — faire œuvre de vulgarisation.

Nous voulons que chacun de nos lecteurs puisse, à l'aide d'une opération simple, déterminer les influences qui président à son existence, prévoir les accidents et les événements qui l'attendent, — et connaître en même temps les moyens d'éviter les dangers qui le menacent, d'échapper à une destinée malheureuse, d'orienter sa vie à sa guise, et de réaliser cet idéal humain : *Le Bonheur.*

Ainsi conçu, notre livre sera, croyons-nous, un ouvrage utile ; en tous cas, nous pouvons affirmer qu'il est une œuvre de *conscience*, de *science* et de *vérité !*

INTRODUCTION PHILOSOPHIQUE
à l'étude de l'Astrologie (1)

SOMMAIRE

Inégalité choquante dans le lot de bonheur des divers individus — Loi de constance dans chaque destinée — Les divers éléments de bonheur et leur indépendance — Cause des inégalités du sort — Impossibilité de les expliquer par une idée de justice providentielle — Impuissance de la volonté ignorante — Exemples et hypothèses — En changeant de trottoir, on peut changer de destinée — Histoire d'un charretier brutal et d'un cheval peureux, et leur influence sur la solution des questions sociales — Une peau d'orange qui sauve des amants coupables ou assure la paix du monde — Le hasard n'existe pas, même dans la loterie — Les chaînes de causalité — La Puissance qui mène le monde — La gravitation universelle — Étude matérielle des phénomènes sidéraux — Etude intellectuelle — L'Astrologie.

Si nous jetons un regard autour de nous pour examiner et comparer les destinées de ceux qui nous entourent, il nous sera facile de constater

---

(1) Cette introduction est destinée à ceux qui, avant de croire veulent comprendre; elle est par moments un peu abstraite et, — malgré nos efforts, — nécessairement obscure; ceux qui — ne veulent que des résultats pratiques peuvent la négliger.

que la plupart d'entre elles sont régies par des règles constantes, qui les enferment dans un cercle, dont elles ne semblent pas pouvoir sortir.

Parmi les hommes, certains paraissent condamnés à une irrémédiable infortune : En vain, ils s'épuisent en efforts courageux pour échapper à leur sort ; la main de fer de la destinée continue à s'abattre sur eux avec une persévérante et inlassable cruauté.

La légende des Atrides, chef-d'œuvre de l'esprit grec et du génie humain, est le cri poignant, à l'aide duquel l'humanité antique a tenté de protester contre cette loi fatale, aussi vieille que l'homme lui-même.

D'autres existences sont emprisonnées dans une médiocrité terne.

Elles demeurent à l'abri des grandes catastrophes, mais en revanche, les grandes joies leur sont interdites; elles sont réduites à ce strict minimum de jouissances et de plaisirs, conséquence nécessaire de la vie. Le langage courant caractérise cette situation, en disant qu'il est des gens à qui il n'arrive jamais rien.

Il y a enfin des personnes auxquelles tout réussit et dont la chance est insolente. Les imprudences et les folies qu'elles commettent tournent à leur avantage.

La sagesse antique avait traduit cette vérité dans la légende de Polycrate.

Celui-ci, comme effrayé du bonheur constant qui le poursuivait, voulut se condamner à un sacrifice et s'infliger à lui-même une souffrance; il jeta à la mer un anneau précieux, qui était de toutes ses richesses, celle à laquelle il tenait le plus.

Quelques instants après, des pêcheurs lui apportent un énorme poisson, qu'ils venaient de prendre dans leurs filets.

Il l'accepte ; ses esclaves l'ouvrent et trouvent dans ses entrailles l'anneau que le monstre avait avalé, au moment même où il tombait dans les flots.

*
* *

Si ce premier point une fois acquis, nous continuons nos observations, nous constaterons facilement que le bonheur se compose de divers éléments distincts : Santé, fortune, réputation, joies du cœur ou de la famille, jouissances passionnelles, puissance, etc., etc., et que ces éléments, confondus parfois dans la même destinée sont souvent séparés, comme par l'effet d'une justice compensatrice.

C'est ainsi que telle personne favorisée à l'excès par la fortune, sera au contraire fortement éprouvée du côté des joies du cœur ou de la famille ; que tel vagabond méprisé, honni, abandonné de tous, jouit d'une santé à faire envie au plus heureux; — que tel homme, arrivé au faîte des honneurs, maître de son pays et du monde, est lui-même l'esclave d'une obscure et douloureuse infirmité qui le ronge et le rend plus malheureux que le plus malheureux des hommes, qui plient sous son pouvoir.

Les proverbes, qu'il ne faut pas toujours prendre à la lettre, mais dont il est raisonnable de tenir grand compte, — car ils sont la *cristallisation,* faite à travers les siècles, du bon sens populaire, — traduisent cette loi du destin : « Heureux au jeu, malheureux en amour » dit l'un des plus connus.

Nous pouvons donc tenir pour démontré, que chacun de nous est soumis à une influence qui, par rapport aux divers éléments qui constituent le bonheur, détermine son avenir.

Quelle est cette influence ?

*
* *

Peut-être serions-nous tentés d'y voir une expression de la justice immanente des choses ?

Certes, il serait consolant de penser qu'une puissance providentielle veille sur nous et, semblable à un père de famille sage et affectionné, nous distribue joies et peines en proportion de nos mérites.

Mais, hélas, — sans vouloir troubler aucune croyance, sans pénétrer les mystères de l'au-delà, sans nier ou affirmer l'existence, dans une seconde vie, de punitions et de récompenses, — le spectacle que nous fournit le monde, ne démontre qu'avec trop d'évidence que ce n'est pas la justice, qui règle nos destinées.

Sans doute, et heureusement, l'énergie de l'effort est fréquemment récompensée par le succès, mais ce n'est pas toujours le cas.

Trop souvent, le travailleur modeste et sobre, infatigable et vaillant, ne recueille de son courageux labeur que ruine, tandis que s'enrichit à ses dépens le spéculateur inutile et même dangereux !

Trop souvent, l'inventeur, l'homme de génie, dont l'esprit puissant fournit à ses exploiteurs le moyen d'entasser des millions, meurt lui-même de misère !

Trop souvent, la fortune se dérobe aux poursuites de ceux dont l'effort persévérant la mérite, et se prostitue aux audacieux sans scrupules qui la violentent.

Trop souvent, les cœurs fidèles sont trahis et ceux qui trahissent sont aimés.

Trop souvent, la réputation, la gloire, les honneurs, le pouvoir vont aux indignes !

Non, le mot de l'énigme terrestre n'est pas : « *Justice !* »

*
* *

Mais, vont dire quelques esprits orgueilleux, ce qui mène le monde, c'est la *volonté* de l'homme fort, qui commande aux événements, qui se taille dans les jouissances humaines la part qui lui convient, et ne laisse aux faibles que celles qu'il dédaigne.

Ici une distinction s'impose, dont l'importance apparaîtra au cours de cette étude.

Il faut mettre à part la *Volonté consciente*. Nous appelons ainsi celle de l'homme, qui a sondé et percé les ténèbres de l'avenir, sait quelles sont les forces qui l'entraînent et vers quel but elles le mènent.

Nous verrons plus loin que cette volonté là peut être un facteur de la *Destinée*, en ce sens qu'elle peut la modifier. Celui qui *sait* peut donc être la cause de son bonheur et de son malheur

Mais le plus souvent la volonté est *inconsciente*.

Nous marchons dans la nuit et sans savoir où nous conduit notre course incertaine.

Pour éclaircir ce raisonnement par une comparaison tirée du sport à la mode, nous dirons que l'homme nous apparaît semblable à un enfant placé au volant d'une automobile d'une force incalculable et lancée à toute vitesse sur une route inconnue.

Sans doute, il a à sa portée les rouages compliqués qui permettent d'accélérer, de ralentir et de conduire où il convient la puissante machine.

Mais il n'en connaît pas le mécanisme; s'il y porte la main, il ignore quelle va être la résultante de son mouvement ; il peut aussi bien assurer son salut, que courir à une catastrophe, atteindre le but qu'il poursuit ou lui tourner le dos.

Dirons-nous que cet enfant est libre de sa volonté et de sa route?

Il en est de même de chacun de nous. En apparence, nous sommes, en général, maîtres de nos actes, mais nous ignorons quelles sont les conséquences du plus simple d'entre eux.

*
* *

Voyez ce bon jeune homme qui va tranquillement à son bureau : au tournant de la rue, il faut qu'il choisisse entre le trottoir de droite et celui de gauche ; la décision lui paraît peu importante et à nous aussi.

C'est cependant sa destinée qui se joue.

S'il reste à droite, il arrivera sans encombre et mènera une vie tranquille, honorée, exempte de passions; s'il passe à gauche, il va croiser une femme, échanger avec elle un regard, la suivre, lui parler et l'aimer; pour la conserver, il dévorera sa fortune, empruntera à la caisse de son patron, fera des faux, échouera en cour d'assises, si, pour fuir le déshonneur, il ne se fait sauter la cervelle.

Voilà des parents, qui pendant des années avaient réfléchi et lutté pour assurer dans un sens déterminé l'avenir tranquille de leur fils, un enfant qui avait appris à être honnête et était fortement résolu à le rester: — tout ce concours de volontés, de précaution, de résolutions se trouve mis en échec, parce que notre jeune homme a pris un côté de la rue au lieu de l'autre.

*
* *

On pourrait en multiplier les exemples de ce genre.

Un homme politique considérable, — avocat célèbre, orateur éminent, dont la parole a souvent décidé des destinées du pays, — auquel nous parlions un jour de l'influence qu'il avait exercée sur l'orientation de notre histoire, nous répondit: « C'est possible, mais tout cela est arrivé, parce qu'un jour dans une rue de X... un charretier ivre s'emportait contre son cheval.

Comme nous nous étonnions, il raconta l'anecdote suivante, dont nous garantissons l'exactitude :

« J'étais pensionnaire au lycée de X...; dit-il, mes parents me destinaient à l'Ecole Polytechnique, et, à défaut de vocation spéciale, je leur obéissais sans plaisir et sans peine. J'étais de force moyenne ; j'aurais été reçu en rang honorable, mais non cependant parmi les premiers; de telle sorte que, si les choses eussent suivi leur cours normal, je serais aujourd'hui, selon toutes probabilités, capitaine en premier ou commandant d'artillerie.

« Or, un jeudi, j'étais sorti, et comme les règlements défendaient de quitter l'uniforme de collégien, je n'avais pas manqué de me mettre en civil. Très fier de mon veston, symbole de courte émancipation, j'avais, sous je ne sais quel prétexte, lâché la famille et me hâtais vers une partie combinée entre camarades.

« Voici qu'à un carrefour, je me trouve en face de deux chevaux, qui traînaient une charrette lourdement chargée. Le conducteur s'épuisait en efforts pour les faire avancer, jurant, menaçant, tapant de son mieux.

« A un juron, sans doute mieux accentué que les autres, le cheval de tête prend peur, s'ébroue, monte sur le trottoir fort étroit que je suivais ;

tout naturellement je passe de l'autre côté de la rue.

« Ce mouvement instinctif me fait apercevoir dans le lointain, le surveillant général en personne qui venait dans ma direction. Vive émotion ! Car si j'étais vu, je n'y coupais pas d'une privation de sortie pour la semaine suivante.

« Je rebrousse vivement chemin, mais le guignon, ou ce que j'appelais ainsi, me poursuivait, je tombe sur mon père qui, avec quelques amis, allait à la Cour d'Assises entendre X..., l'avocat alors célèbre. — Adieu mes projets et ma partie ! l'autorité paternelle intervient, et bon gré, mal gré, je vais moi aussi au Palais de justice.

« J'y entre en rechignant, et j'en sors transformé.

« En entendant la merveilleuse plaidoirie du maître, je compris la séduction, la magie et la puissance du verbe humain, et me sentis aussitôt, sinon le tempérament, au moins la vocation de l'orateur.

« Je ne voulus plus entendre parler de l'Ecole Polytechnique et insistai pour faire mon droit. Vous connaissez mes débuts au barreau et le reste de mon histoire.

« J'ai donc raison de dire que si j'ai obtenu quelque réputation, et fait quelque bien, si j'ai proposé et fait voter telle ou telle loi ; si, grâce à moi, la France a fait un grand pas vers la solution des questions sociales, la cause en est à un charretier brutal et à un cheval peureux, qui ont été bien certainement ce jour-là les messagers du destin ».

Ici encore, quel avait été le rôle de la volonté provoquée, dirigée, contrainte et mise en mouvement par un geste irréfléchi.

***

Mais ce n'est pas seulement sa propre destinée, que chacun de nous peut changer en accomplissant un acte insignifiant et inconscient, c'est celle des autres.

Un petit caillou jeté dans l'eau produit toute une série de cercles concentriques, dont les circonférences vont s'élargissant et s'étendent au loin ; de même notre plus simple mouvement peut entraîner une série de répercussions, les unes bienfaisantes, les autres tragiques, qui feront ressentir leurs effets dans l'infini des temps et des espaces.

Voyez dans cette voiture découverte, ces deux êtres tendrement pressés, les yeux plongés dans les yeux, perdus dans leur bonheur, étrangers à tout ce qui n'est pas eux-mêmes.

Cependant la mort plane sur eux ; car la femme est une femme adultère et le mari jaloux, violent, armé, est à quelques pas ; il va les voir ; ils sont perdus.....

.....Cependant, tranquillement, sa manne sur sa tête, un mitron en cotte blanche s'avance ; il est fort occupé à éplucher une orange et dans sa préoccupation, ne voit pas le vieux Monsieur qu'il heurte; celui-ci se retourne, se fâche.....; pendant ce temps la voiture passe.... les amants sont sauvés.

Mais nous pouvons supposer que l'histoire ne finit pas là... Un groupe se forme, et, dans ce groupe, le mari aperçoit un camarade perdu de vue depuis longtemps ; ils se reconnaissent, causent, s'en vont ensemble. Par aventure, l'ami retrouvé est un spéculateur hardi et peu scrupuleux, qui saute sur la victime, qui lui est ainsi inopinément livrée, et la détermine à mettre sa fortune dans une entreprise qui le ruine..... Cette ruine provoque une rupture de ménage, etc., etc.....

Mais la peau de l'orange épluchée est restée sur le trottoir... Voici venir de loin un homme d'Etat qui rejoint sa voiture ; il est pensif, car il médite un acte qui peut amener la guerre, et bouleverser la face du monde... Son pied rencontre la peau, il glisse, son crâne heurte le pavé on l'emporte évanoui... La paix et l'Europe sont sauvées.....

Tranquille, cependant, le mitron rentre chez lui sans se douter du rôle colossal qu'il vient de jouer.

Mais il n'est pas besoin de s'enfermer dans le domaine de l'hypothèse pour trouver des exemples de ce genre : L'histoire en fourmille.

Un verre d'eau mal équilibré par un valet de chambre, échappant à la main de la Duchesse de Marlborough, pour glisser sur la robe de la reine Anne, sauve, au dix-huitième siècle, la France affaiblie et amène la paix avec l'Angleterre.

Un grain de sable dans la vessie de Napoléon III entraîne le désastre de Sedan.

Dans ces enchaînements d'événements, de quel poids pèse donc la volonté humaine ?

*
* *

Est-ce donc le hasard qui conduit le Monde ?

Devons-nous nous résigner à être le jouet d'événements à la succession desquels aucune logique ne préside et que nous ne pouvons ni prévoir, ni modifier ?

La perspective serait véritablement effrayante.

Heureusement, nous n'en sommes pas là, et nous devons au contraire, proclamer bien haut que *le hasard n'existe pas !*

C'est le nom que nous donnons à des causes

qui, par leur multiplicité même, échappent à notre esprit.

En étudiant les conditions dans lesquelles évolue ce que notre orgueil appelle « la volonté humaine », nous avons remarqué, que les actes des hommes, indifférents ou graves, inconscients ou réfléchis, sont le plus souvent reliés entre eux par des rapports de causalité, dont notre ignorance ne perçoit pas toujours la succession et l'origine, mais dont la raison et l'expérience sont d'accord pour nous affirmer l'existence.

Avec un peu d'attention, il est facile de constater que c'est là l'application d'une loi plus générale et que, toujours, un fait a pour cause un ou plusieurs autres faits, de telle sorte que les événements forment entre eux comme une sorte d'immense chaîne, qui prend naissance dans l'infini du passé, pour se prolonger dans l'infini des avenirs.

Par cela seul que l'un des chaînons est en mouvement, tous les autres doivent nécessairement suivre et apparaître.

Chacun peut s'en rendre facilement compte à propos de ces mille incidents de la vie courante, dont le préjugé vulgaire attribue la production au hasard et qui sont cependant la conséquence logique de causes s'amorçant les unes aux autres, depuis un long temps, sinon depuis toujours.

Voici deux camarades, dont l'un habite Lille et l'autre Marseille et qui, sans s'être donnés le mot, se rencontrent en un point quelconque de Paris.

« Quel hasard ! » vont-ils s'écrier ensemble, et si, de leur rencontre, surgit quelque conséquence notable, c'est au hasard que l'opinion humaine va l'attribuer.

Cependant, si nous examinons la situation d'un peu près, nous verrons que chacun d'eux a été conduit au même endroit et à la même heure par une série de causes logiques.

Les unes se rapportent à la venue à Paris : un héritage par exemple, et les raisons qui expliquent cet héritage lui-même remontent bien loin dans le passé.

D'autres motivent l'endroit où il se trouve ; son notaire habite en face ; mais pourquoi y habite-t-il ? Il y a là encore une chaîne de causalité logiquement réglée et sans aucune intervention du hasard.

Nous pourrions faire la même constatation, par rapport à l'instant de la rencontre et à l'autre voyageur.

Donc, toute une série de causes, existant en germe depuis un temps infini, ont convergé pour produire l'incident dont nous parlons.

***

Pour compléter la démonstration, prenons un autre exemple, et choisissons précisément l'hypothèse qui, suivant l'opinion commune, dépend spécialement du hasard qu'elle symbolise même : *la Loterie.*

De petits cylindres en métal contenant les numéros sont placés dans une grande boîte ronde en cristal, montée sur armature et suspendue sur pivots de cuivre. Un violent mouvement de rotation lui est imprimé et par une ouverture latérale un enfant retire le numéro gagnant.

Evidemment, dit-on, celui-ci est désigné par le hasard.

Examinons cependant le phénomène de près. L'enfant qui apparaît ici comme le représentant du sort, a été choisi en vertu de certaines considérations précises et connues ; sa main a, suivant sa grandeur, sa tension musculaire, le caractère décidé ou hésitant du sujet, pris, de préférence à tout autre, l'un des numéros qui étaient à sa portée !

La position de ceux-ci dans leur prison de cristal était déterminée par le concours d'un très grand nombre d'éléments ! Elasticité respective des deux métaux et du verre, angles de répercussion, coefficient de rotation de l'appareil, vigueur de sa mise en marche, poids sensiblement pareil mais non identique de chacun des cylindres, force centrifuge, etc., etc.

Il est impossible d'énumérer toutes les causes, qui ont déterminé la sortie du numéro gagnant; à celles qui précèdent, il faudrait joindre celles qui ont déterminé la création de la loterie, celles relatives aux ouvriers constructeurs de la machine, à l'homme qui l'a fait fonctionner, etc., etc.

Leur nombre est tel, que notre esprit ne saurait ni les concevoir, ni les énoncer, mais nous comprenons parfaitement qu'elles existent et que leurs chaînes de causalités respectives remontent dans le passé.

Un même raisonnement nous amènerait à décomposer les raisons, qui avaient déterminé le gagnant à prendre un billet et à choisir précisément celui qui a gagné.

Donc, les faits que nous avons choisis comme exemple, comme du reste, tous ceux qui se produisent dans le vaste univers sont la résultante de causes innombrables, précises, fatales, dont la chaîne de causalité se perd dans l'infini.

Notre pensée, impuissante à les dénombrer, les désigne d'une façon globale par ce mot : le Hasard.

Mais si nous supposons théoriquement un homme doué d'une intelligence assez vaste et assez puissante, pour embrasser leur ensemble, déduire et combiner les effets lointains de chacune d'elles, celui-là aurait pu, il y a un, deux, trois siècles, prévoir chacun des faits actuels et pourrait aujourd'hui déterminer ceux qui se passeront dans deux ou trois cents ans.

Donc, comme l'existence de chacun de nous se compose d'un certain nombre d'événements résultant de causes préexistantes, on peut dire que chaque destinée est en germe dans le passé et se trouve déterminée à l'avance, — sous réserve de modifications que nous étudierons plus tard.

*
* *

Mais si nous avons démontré que les faits, les actes et les existences sont le développement des chaînes de causalités, ne faut-il pas, au moins, avouer que ces chaînes s'amorcent, se mettent en mouvement, s'enchevêtrent sans qu'aucune pensée logique et constante préside à leur fonctionnement et à leurs manifestations ?

S'il en était ainsi, nous devrions en revenir à admettre, sous une forme particulière, l'intervention du hasard dans la marche des affaires humaines.

Une telle pensée est contredite par notre secret instinct.

Elle serait en opposition avec la loi naturelle qui régit l'immense univers. Dans le monde matériel, aucun phénomène n'est inutile ou produit au hasard ; tous se manifestent suivant des règles logiques et tendent à un but imparti par la nature.

Une traditionnelle expérience, le spectacle quotidien que nous fournit l'existence sociale, nous prouvent qu'il en est de même pour l'homme et les opérations de la vie humaine.

Nous avons constaté au début de ce chapitre, que chaque destinée est dominée par une loi, qui départit à chacun sa part de bonheur ou de souffrance.

Cette vérité apparaît mieux encore dans l'histoire des peuples, qui n'est que le total et l'enchaînement de l'histoire des individus.

La vie des nations se développe suivant une conception logique, que les hommes d'Etats eux-mêmes ignorent quelquefois, tout en la subissant.

Tous les faits voulus ou imprévus, même ceux dont la signification échappe d'abord, tendent à la diriger dans le sens d'une évolution constante.

Il serait intéressant et facile d'en multiplier les exemples. Mais cela nous entraînerait trop loin.

Il apparaît donc avec une évidence, qui dispense de plus ample démonstration, que l'existence des nations et de chaque individu est réglée par une Force qui la dirige, à travers des chemins divers, rudes ou faciles, directs ou tortueux, — mais *déterminés ou déterminables* — vers un but mystérieux.

Ici nous sommes d'accord avec la tradition universelle et l'universel instinct de l'humanité.

*
* *

L'esprit grec si lucide et qui projette encore sur le monde les lumières de sa merveilleuse philosophie, — le génie romain, si pratique et qui a construit notre civilisation actuelle, ont tous deux reconnu cette puissance.

L'*Ananké* des Grecs, le *Fatum* des Romains, c'est-à-dire le Destin, commande aux dieux eux-mêmes et Jupiter, le Grand Jupiter, est forcé de lui obéir.

Les peuples Indous, dont les traditions ininterrompues remontent aux premiers âges du monde, et dont les esprits contemplatifs, moins occupés que les nôtres de la civilisation matérielle, ont pénétré plus avant dans le domaine du Mystérieux, constatent également dans tous leurs livres sacrés la loi de la prédestination.

Cette loi a abouti au Fatalisme mahométan, principe vrai au point de vue qui nous occupe en ce moment, — puisqu'il reconnaît la préexistence de la destinée; mais qui, sous un aspect que nous verrons plus loin, est erroné et dangereux; — car il n'admet pas que la Volonté CONSCIENTE puisse se combiner avec la Fatalité aveugle et modifier le Destin.

Donc, de l'assentiment presque unanime des hommes et des peuples, il existe une Force qui détermine à l'avance la destinée de chacun de nous, et, si nous pouvons la découvrir et déterminer les conditions et le sens dans lequel elle s'exerce, nous aurons percé le mystère de l'avenir.

Quelle est donc cette force ?

*
* *

Elle doit être UNE, puisqu'elle s'applique avec des caractères communs à tous les hommes, et qu'elle a un but unique le *bonheur ou le malheur ;* elle doit être en même temps DIVERSE, puisque les situations humaines varient à l'infini et que les éléments, dont la destinée bonne ou mauvaise se compose, sont multiples et différents.

Elle doit dominer non seulement l'homme, mais l'univers entier, puisqu'il y a une solidarité étroite, que nous n'avons pas à démontrer ici, entre la vie humaine et les manifestations de l'activité de la matière.

La seule force qui réunisse à un degré éminent

ces caractères, c'est la *gravitation universelle.*

C'est la gravitation universelle, en effet, qui a présidé à la formation du monde solaire ; c'est par elle que les planètes parcourent autour du soleil leur orbite harmonieuse ; — c'est par elle qu'elles participent à sa chaleur et que la vie se développe à leur surface.

Elle est par excellence la force primordiale, qui dirige les mouvements de la matière inorganique, aussi bien que les manifestations vitales de la matière organisée, les phénomènes formidables qui bouleversent les mondes, ainsi que les imperceptibles frémissements, qui constituent l'existence de l'homme

La logique scientifique nous incite à croire que la Force qui commande à l'infiniment grand, commande aussi à l'infiniment petit et qu'après avoir organisé l'évolution de l'univers, elle organise également la destinée de chacun de nous.

La gravitation universelle est **une** parce qu'elle se développe partout suivant la même formule ; elle est **diverse**, puisque ses effets varient, suivant l'importance des masses d'où elle émane.

Chacun des astres qui rayonnent dans l'immensité des espaces, exerce sur les autres une influence, dont le total constitue l'harmonie sidérale.

Il n'est donc pas téméraire de penser que chacun

d'eux exerce sur chacun des hommes une influence, dont le total et la combinaison constituent la destinée.

C'est donc bien l'étude du système planétaire, qui doit nous révéler le secret de l'avenir.

∴

Cette étude se présente sous deux aspects.

Tantôt le savant détermine les mouvements des astres, calcule leurs courbes, leurs volumes, leurs masses, les attractions qu'ils exercent les uns par rapport aux autres.

C'est *l'astronomie.*

Tantôt, en partant des données ainsi obtenues, il s'efforce de déterminer les influences astrales sur la destinée des hommes et des peuples.

C'est l'*astrologie.*

Dans les pages qui vont suivre, c'est de celle-ci que nous allons nous occuper.

Une rigoureuse déduction nous a conduit à voir en elle la science maîtresse des hommes et des choses ; la pratique, une expérience séculaire, l'opinion des plus grands génies, la tradition, l'histoire nous permettront, dans le chapitre prochain, d'affirmer plus fort encore, qu'elle est bien ce que les sages d'autrefois ont appelé : *Le Grand Arcane.*

PREMIÈRE PARTIE

Notions Générales

CHAPITRE PREMIER

L'Astrologie établie par l'histoire et les faits

SOMMAIRE

L'esprit de M. Tout-le-Monde — Vox Populi ! — *Force probante des locutions populaires* — « Naître sous une bonne étoile. » — *Histoire sommaire de l'astrologie — Son influence sur les religions — Nostradamus — L'opinion des hommes de génie — Décadence momentanée — Les monastères du Thibet et de l'Inde — Le cas de Lord Findsbury — Renaissance de l'astrologie et sa confirmation par les données modernes de la science.*

« Il y a quelqu'un qui a plus d'esprit que Voltaire, a dit un homme d'esprit, c'est Monsieur « Tout-le-Monde. »

Sous une forme spirituelle, cette boutade exprime parfaitement une vérité profonde.

Quelque supérieur que soit le génie d'un homme,

sa pensée n'est que le résultat d'une opération intellectuelle, non contrôlée, et qui peut être viciée par de nombreuses circonstances personnelles.

L'avis de *Tout-le-Monde*, c'est-à-dire l'opinion commune, est au contraire l'expression de la conscience humaine, et celle-ci n'est autre chose que le guide naturel, placé en nous par la Puissance créatrice de l'homme et de l'univers et, à ce titre, elle est infaillible.

Qu'on ne lui reproche pas d'être ignorante. Sans doute, nul plus que nous ne reconnaît et proclame l'omnipotence bienfaisante et la puissance créatrice de la science, mais il est un domaine où le plus ignorant des hommes en sait autant que le plus savant.

C'est quand il s'agit de ces perceptions internes, qui sont, en quelque sorte, comme la trace laissée par la matrice où notre esprit a été formé.

Peut-être même, est-ce dans les natures les plus frustes, celles qui sont le plus près de la nature et moins modifiées par une civilisation artificielle, que la voix infaillible de l'instinct se fait entendre avec plus de netteté.

C'est ce que le Christ exprimait lorsqu'il disait : « Bienheureux les pauvres d'esprit, le royaume des cieux est à eux. »

Cette parole doit s'entendre en ce sens

que, dans ce domaine du Mystérieux, qui échappe aux instruments et aux investigations de la science, l'esprit simple et croyant, voit mieux et comprend mieux que les esprits raffinés et sceptiques.

La vieille formule : *Vox Populi, Vox Dei,* la voix du peuple, c'est la voix de Dieu, n'a-t-elle pas traversé les siècles et présidé aux plus importantes des manifestations sociales.

Jean-Jacques Rousseau et, après lui, la plupart des philosophes et les auteurs des constitutions modernes, n'ont-ils pas considéré, comme constituant la « *Souveraineté suprême* », la volonté c'est-à-dire l'opinion générale, reconnaissant par là que, quand il s'agit des questions primordiales relatives à la vie, à la destinée de l'homme et au fonctionnement des sociétés, *la foule* voit, sait et ne se trompe pas.

Aussi le savant ne doit-il pas craindre d'humilier ici sa science et d'accepter, comme base de ses raisonnements, la pensée des masses populaires.

Cette pensée se manifeste surtout dans le langage vulgaire et les locutions courantes où, en quelque sorte, elle se cristallise.

Or, pour exprimer que quelqu'un est heureux ou malheureux, la foule dit couramment *qu'il est né sous une bonne ou une mauvaise étoile,* exprimant par là sa croyance instinctive à un lien entre les mouvements des astres et la destinée humaine.

Du reste, qu'il soit savant ou ignorant, l'homme qui assiste aux splendeurs d'une nuit étoilée, éprouve une émotion qui n'est pas seulement de l'admiration, mais où se mêle une crainte religieuse et je ne sais quelle mystérieuse volupté.

Il sent son être se dissoudre dans l'infini.

Il comprend que cette immensité externe se lie à son *moi* interne, qu'il est une partie intégrante de ce vaste univers et comme le miroir où il reflète.

Il n'est personne, même parmi les plus sceptiques, qui, en face de ce troublant spectacle, n'ait tout naturellement cherché la lueur amie et protectrice d'une étoile qui soit plus particulièrement la sienne propre.

La démonstration de la vérité astrologique se trouverait toute entière dans cet instinct, — s'il en était besoin et si elle n'était surabondamment établie par le raisonnement et les constatations scientifiques.

Dans les pages qui précèdent, une déduction rigoureuse nous a conduit à considérer l'astrologie, comme la science qui tient et peut donner la clef des destinées humaines et de l'avenir ; l'étude de l'histoire et des faits, va nous amener à des conclusions identiques.

*
* *

C'est en Asie, à la fois en Chaldée et sur les plateaux de l'Inde, que la Science de l'Astrologie a vraisemblablement pris naissance.

On a voulu quelquefois en attribuer l'honneur aux pâtres Chaldéens. Il est, en effet, possible que des bergers vivant dans la solitude et, par cela même imaginatifs et observateurs, aient été amenés à noter les mouvements des astres, à rapprocher ces mouvements des incidents de la vie humaine et à constater un rapport entre eux.

Mais bientôt l'art nouveau passa entre les mains des prêtres, dépositaires presqu'uniques de la science antique.

Si, au point de vue du monde matériel, la science moderne a pris un merveilleux essor, qui ne permet pas de comparaison avec le passé, on peut, sans être injuste, lui reprocher d'avoir dédaigné l'étude des phénomènes immatériels et, sur ce point, les savants d'autrefois l'emportaient de beaucoup sur ceux d'aujourd'hui.

Tandis que ceux-ci vivent de la vie sociale, se laissent distraire par ses préoccupations, s'attachent surtout à dérober les secrets de la nature visible, à augmenter directement le bien-être de l'homme et à développer une civilisation artificielle, — les autres vivaient dans les temples, plongés dans la contemplation des phénomènes invisibles, inaccesssibles aux désirs humains, n'ayant d'autre passion que celle de Savoir.

C'est dans ces conditions que pendant des milliers d'années, l'Astrologie s'est développée dans le mystère, se formant par la puissance du raisonnement, se développant, se corrigeant, se garantissant contre les erreurs possibles à l'aide d'un nombre incalculable d'expériences.

A une époque qu'il n'est pas loisible de préciser, mais antérieure vraisemblablement aux chronologies connues, la science nouvelle passe d'Asie en Egypte, et là elle se perfectionne encore par des études millénaires et d'innombrables vérifications expérimentales.

Il semble qu'elle ait ainsi atteint un degré d'absolue certitude; malheureusement elle n'est communiquée qu'à de rares initiés.

Par suite d'indiscrétions quelques fragments en furent connus en Grèce, dès le temps d'Homère et d'Hésiode.

Plus tard, Bérose apporta de Babylone à Athènes et à Cos un aperçu plus complet des méthodes Chaldéennes, tandis que Manethon introduisait les pratiques égyptiennes, mais ils n'étaient, croyons-nous, l'un et l'autre, que des adeptes du dernier degré.

Du reste, dès longtemps auparavant, l'existence et l'influence de l'Astrologie se sont manifestées, car les religions antiques ne sont que des traductions symboliques de ses lois.

En dehors même du culte direct du Soleil et de la Doctrine de Zoroastre, les divinités du paganisme apparaissent comme les représentations matérialisées des influences astrales, et la terminologie, qui donne aux planètes les noms des dieux de l'Olympe, est un rappel voulu ou involontaire de cette vérité.

Lors de la conquête de la Grèce, l'art nouveau passe à Rome, mais l'esprit peu scientifique des Romains était peu fait pour le faire progresser.

Le christianisme le combattit avec acharnement, mais, sans en contester la vérité.

Si rarement il l'accuse d'imposture, le plus souvent, il lui reproche d'être d'essence démoniaque et contraire au dogme de la toute-puissance divine ; ce qui, en fait, est une erreur.

L'Astrologie disparaît pour un instant au moment des invasions et des grandes convulsions sociales qui amènent les ténèbres du moyen-âge ; ses traditions se conservent cependant en Italie ; elle reparaît au XIVe siècle et arrive à son apogée au XVIe ; son existence dans cette période se manifeste par l'intermédiaire de ce personnage énigmatique que fut Nostradamus, dont les

Centuries, prédictions qui embrassent plusieurs siècles, ont toujours été vérifiées par les événements et le sont encore aujourd'hui en maintes circonstances.

Elle obtint l'adhésion des plus puissants génies d'autrefois : Hippocrate, Gallien, Tacite, Ptolémée, Porphyre, St-Thomas d'Aquin, Kepler; plus près de nous, de Spinosa et de beaucoup parmi les modernes.

Dans son *Dictionnaire philosophique*, Voltaire, l'éternel railleur, s'en moque un peu, mais sous ses plaisanteries, il n'est pas difficile de deviner, sinon la foi, au moins l'hésitation.

Malheureusement, à propos d'Astrologie, l'imposture s'est trop souvent mêlée à la science et pendant un temps son influence a diminué en Europe.

Cependant dans l'Inde, elle a continué à fleurir, mais les prêtres, dépositaires des anciennes traditions, en sont en même temps les gardiens jaloux et parfois féroces.

A différentes reprises des explorateurs et des savants se sont efforcés, sous un déguisement, de pénétrer le secret de cet enseignement mystérieux. Les uns sont tombés victimes de leur amour de la science, d'autres ont obtenu l'initiation, mais, séduits par l'attrait de cette vie mystérieuse, la poursuite et la découverte de la vérité, ont renoncé à leur famille, à notre société et à l'Europe, et volontairement sont restés dans les monastères dès hauts plateaux du Thibet.

Mais il est certain, qu'il y a là un centre scientifique dont les adeptes possèdent, d'une façon complète, avec une précision et une certitude stupéfiantes pour les profanes, le secret de l'Avenir et des destinées humaines.

*
* *

A ce sujet, il nous revient à l'esprit une anecdote assez significative rapportée dans les mémoires de Lord Findsbury et publiée dans la *Century Review.*

Le père de l'écrivain était alors un de ces officiers qu'on appelle de *fortune,* précisément parce qu'ils n'en ont pas. Il appartenait à une famille de l'aristocratie anglaise, mais il était le dernier enfant d'une branche cadette.

Entré au service de la compagnie des Indes, au commencement du siècle dernier, il commandait avec le grade modeste de lieutenant un poste avancé dans le Pendjab.

Les alertes étaient fréquentes, mais dans l'intervalle, il s'ennuyait ferme.

Un soir, tandis que, sous sa vérandah, il achevait de dîner avec deux ou trois camarades, des éclaireurs lui amenèrent un Hindou appartenant à la caste élevée, ainsi que l'indiquait le signe bleu qu'il portait au front.

Ce prisonnier déclara habiter un sanctuaire éloigné, dont les prêtres étaient célèbres par leurs connaissances en Astrologie et se diriger vers un lieu voisin.

Il ne présentait rien de suspect et le lieutenant allait donner l'ordre de le relâcher, quand une idée lui vint, qui allait permettre aux convives de trouver une distraction pour leur soirée.

— Brahmane ? lui dit-il, tu vas être libre ; mais je veux qu'avant tu tires notre horoscope à tous.

— Prends garde ! Sabib, répondit l'Hindou. Indra n'aime pas qu'un profane viole ses mystères, et qu'on feuillette avec un esprit incrédule les pages du livre céleste. Prends garde !

— Bah ! je m'arrangerai avec Indra. Quant à toi, choisis : l'obéissance ou la prison.

— J'obéirai ! Que ceux qui veulent savoir, me donnent la date de leur naissance, et laisse-moi consulter le ciel.

Impressionnés par l'heure, les circonstances, le ton solennel et la réelle majesté du prêtre, les invités présents se récusèrent, sous divers prétextes, et seul Findsbury voulut tenter l'aventure jusqu'au bout.

L'Hindou s'éloigna et revint quelques instants après. Sa voix était grave.

— Tu as voulu savoir, écoute dit-il. Encore dix révolutions de soleil et trois révolutions de lune, dit-il, et tu seras riche et grand seigneur !

Tu monteras à la fortune par une échelle faite de onze cadavres.

Encore trois révolutions de soleil et deux révolutions de lune et la soie causera ta mort. Les astres ont parlé !

Et il disparut dans la nuit.

Malgré le caractère mystérieux et lugubre de la prédiction, Findsbury ne fit qu'en rire.

Cependant quelques jours après, il apprenait la mort du chef de sa famille, pair d'Angleterre. Cette nouvelle ne l'attrista pas, car il connaissait à peine le défunt ; elle ne le réjouit pas davantage, car trop de parents plus proches le séparaient de l'héritage et du titre de celui-ci, pour qu'il put y penser sérieusement.

Cependant la mort s'abattit onze fois sur la famille, et dix ans trois mois après la rencontre du Brahmane, Findsbury héritait, et pair et millionnaire quittait le service et s'embarquait pour l'Angleterre.

Mais la première partie de l'oracle sidéral, s'était trop bien réalisée, pour qu'il ne redoutât pas la seconde.

Celle-ci était mystérieuse; les circonstances qui devaient depuis, si lugubrement l'éclaircir ne s'étaient pas encore produites.

Fallait-il la prendre au pied de la lettre et redouter un étouffement par la soie ? ou bien l'Hindou avait-il par cette expression voulu symboliser l'oisiveté et les jouissances du luxe.

Toujours est-il que Findsbury eut soin de proscrire de son château et de son vêtement les étoffes de soie.

Comme l'on commençait à parler de nouveaux troubles dans l'Inde, il reprit du service, espérant que les privations de la vie des camps lui feraient éviter le danger prédit.

A peine avait-il rejoint son poste, que la révolte connue dans l'histoire sous le nom de « *Révolte des Thugs* », éclatait et qu'il était frappé le premier.

Il y avait exactement treize ans, cinq mois que la prédiction avait été faite.

Les *Thugs* ou *étrangleurs* étranglaient leurs victimes avec un *lacet de soie.*

Ces faits sont authentiques ; ils ont été établis au cours du procès, qui suivit la répression de l'insurrection, et il a été également démontré que, treize ans avant l'attentat, c'est-à-dire au moment de l'horoscope, les Thugs n'avaient pas encore adopté leur arme redoutable.

On ne pouvait donc pas voir là une vague menace et une simple coïncidence.

Nous pourrions multiplier jusqu'à en remplir plusieurs volumes, les exemples de lucidité astrale des Hindous ; mais l'espace nous est mesuré et nous devons nous arrêter là.

*
* *

Nous constaterons simplement en terminant ce chapitre, la renaissance de l'astrologie qui se produit en ce moment.

Elle est due à l'action d'écrivains et de savants distingués à qui il convient de rendre hommage.

Il faut l'attribuer aussi à des découvertes nouvelles, qui tendent à confirmer théoriquement et pratiquement — ainsi que nous allons le voir dans le prochain chapitre — la part prépondérante des astres, dans l'évolution de la vie humaine et de la vie sociale.

Par ainsi le domaine de la science contemporaine s'élargit et l'Astrologie est le *Pont* par où elle change de domaine, — après avoir étudié les effets, passe aux causes, — après s'être bornée à l'examen de la matière et du fini, du présent et du passé, va explorer le champ immense de l'immatériel et de l'infini et plonger dans les mystères de l'Avenir.

CHAPITRE II

Les principes et les forces de l'Astrologie

SOMMAIRE

La loi de Lagrange — *L'échelle de l'univers et la solidarité des mondes* — *La correspondance sidérale* — ETUDE DE SYSTÈME CÉLESTE *et de l'influence spéciale de chaque astre* — *Notre documentation et nos sources d'informations sur ce point* — Constellations et planètes — Les constellations zodiacales — *Liste* — *Signes* — *Attributs* — Les Planètes — *Caractères et influence particulière de chacune d'elle* — *Le Soleil* — *Jupiter* — *Vénus* — *Mercure* — *La Lune* — *Mars* — *Saturne.*

C'est à l'illustre *Lagrange*, dont le génie puissant, discipliné par les mathématiques, est un de ceux dont doit surtout s'enorgueillir la science moderne, — qu'est due la formule célèbre, tous les jours vérifiée davantage, et qui rattache la doctrine astrologique à la science générale.

Il pose en principe que tout *être* est *cellule* (1) dans un être supérieur et que toute cellule est, en même temps, un être comprenant des cellules inférieures et ainsi de suite, et dans les deux sens, jusqu'à l'infini.

Prenons un exemple: l'homme est un composé de cellules ; il est lui-même une cellule dans la nation, celle-ci dans l'humanité; — l'humanité est un fragment par rapport à la terre qui, à son tour, est un des éléments dont se compose le système solaire, et, malgré son immensité, ce dernier n'est qu'un atome dans un système supérieur.

Lagrange pousse fort loin son raisonnement et il considère qu'un grain de poivre, vu sous un grossissement suffisant, apparaîtrait comme un véritable univers semblable au monde solaire et aussi complexe que lui.

Malgré l'effrayante hardiesse de cette hypothèse, chacune des découvertes de la science tend à la confirmer.

Par en bas, des instruments plus puissants d'observation ont permis de connaître le monde des infiniment petits, qui constituent des colonies

---

(1) Le mot cellule est pris ici, bien entendu, dans son sens scientifique de fragment élémentaire.

entières vivant au détriment du corps humain, le fouillant, le travaillant, comme nous-mêmes vivons aux dépens de la terre, en l'exploitant.

Par en haut, des découvertes récentes permettent d'affirmer que le soleil, que nous considérions comme constituant l'immobile pivot du monde, parcourt lui-même avec les planètes qu'il entraîne une orbite, — qui par son immensité échappe à nos télescopes, — autour d'un astre plus considérable et encore inconnu.

Dès lors, on peut sans témérité, admettre comme une vérité scientifique la loi de *Lagrange* avec ses conséquences.

*
* *

La plus importante de celles-ci est le principe, en vertu duquel les mondes placés à chacun des degrés de cette échelle infinie, immensément différents quant à leur grandeur, sont semblables dans leur fonctionnement, leur organisme et leurs éléments.

Ces êtres successifs sont donc logiquement solidaires entre eux et, à chaque étage, c'est le système supérieur qui commande, — par l'influence de sa masse et par une application de la loi de gravitation universelle, — les systèmes inférieurs.

Faisons une application de cette théorie générale, en choisissant comme exemple trois échelons successifs de l'échelle universelle :

1° Le Monde solaire;
2° L'humanité — la Nation;
3° L'homme.

Que nous dit la loi de *Lagrange ?* Que ces trois systèmes doivent être composés des mêmes parties principales et fonctionner de la même manière.

Le monde solaire se compose du soleil et des planètes, qui, chacune par leur masse, ont leurs qualités propres, qualités qui se fondent pour aboutir à l'harmonie céleste. Ces planètes évoluent, se croisent, agissent les unes sur les autres et produisent les phénomènes célestes.

Chaque astre exercera son influence sur l'humanité, inspirant plus particulièrement certaines catégories d'actions humaines et dominant certains individus placés spécialement sous son influence, de telle sorte que la vie sociale se produira, calquée sur la vie planétaire.

Le même effet s'étendra à l'individu. Chacune des parties de son corps, chacune de ses qualités morales sera particulièrement soumise à une planète quelconque, de telle sorte que la vie individuelle demeurera également guidée par les mouvements sidéraux.

Ces diverses conséquences sont la résultante

logique du principe général ; or, elles constituent en même temps un exposé succinct de la doctrine astrologique.

Séparés par l'immensité des temps, Hermès parlant au nom de la science de l'occulte, et Lagrange — représentant de la science moderne et précise par excellence : les *mathématiques* — se sont rencontrés pour formuler ce principe fondamental : *Tout est dans tout.*

Quelle plus éclatante démonstration pouvait-on exiger de la vérité scientifique de l'Astrologie.

Le principe que nous venons d'exposer et, en vertu duquel, chaque planète commande à un certain nombre d'actes, à un certain nombre d'individus — et dans le corps humain — à certaines fonctions morales ou physiques, a reçu dans la science astrologique divers noms. On l'appelle correspondance sidérale, solidarité sidérale ou homogénie universelle.

Nous n'entrerons pas à ce sujet dans de plus amples explications ; nos lecteurs le comprendront mieux, en nous suivant dans l'examen de son fonctionnement.

***

Logiquement nous commencerons par étudier le système sidéral astrologique, considéré au point de vue de sa composition et des forces diverses qu'il dégage.

Ici nous nous appuierons d'abord sur des considérations scientifiques relatives à la masse des astres, à leur position et à leur orbite par rapport à la terre, mais surtout sur les observations des anciens astrologues, basées sur une expérience plusieurs fois millénaire.

Jusqu'à la fin du siècle dernier, nous en étions réduits sur ce point aux traditions, quinous avaient été transmises par les occultistes du moyen-âge, et à quelques fragments peu authentiques des *Zend*, livres sacrés des Perses, ou des écrits de Manéthon l'Egyptien.

Mais la connaissance plus parfaite que nous avons aujourd'hui des *Védas*, les fouilles d'Egypte, les inscriptions hiéroglyphiques trouvées dans les pyramides et les tombeaux, et réunies au Musée de Boulacq, et surtout le document connu, sous le nom de *Papyrus de Memphis*, nous permettent désormais de rattacher la science astrologique contemporaine aux recherches antiques et de bénéficier de résultats, empiriques sans doute, mais tellement vérifiés par l'expérience, qu'on peut les considérer comme d'absolues certitudes.

***

Le système céleste, c'est-à-dire l'ensemble

des mondes jetés dans l'espace, comprend les Etoiles fixes et les Planètes. Nous parlerons d'abord de celles-ci.

Ainsi que nous le verrons plus loin, l'influence sociale ou humaine de chaque planète se modifie en intensité et même parfois en direction, suivant la position dans laquelle elle se trouve et les forces externes avec lesquelles elle se combine, au moment de la naissance ou de l'événement à propos duquel elle agit.

Cependant il importe naturellement de connaître avant toutes choses l'action simple et directe particulière à chacune d'elles.

LE SOLEIL ☉ (1)

Le soleil est la source de toute chaleur et de toute vie, le régulateur et sans doute le générateur des planètes.

Il régit les sentiments élevés de l'ordre moral, les manifestations de la conscience;

(1) Nous avons expliqué pourquoi les astrologues considéraient le soleil comme une planète. En effet, au point de vue astrologique, il se comporte vis-à-vis de nous comme s'il l'était réellement.

il assure les hautes qualités de l'intelligence, surtout celles qui prédestinent au gouvernement des hommes.

Suivant que son influence sera heureuse ou funeste, il présidera aux grands progrès sociaux ou aux dangereuses réactions, — aux généreuses entreprises ou aux guerres injustes, — aux révolutions de liberté ou aux coups d'Etat, — aux victoires ou aux défaites, — à la puissance ou à la ruine.

Il sera le grand facteur de l'évolution de l'Histoire.

Il inspirera les grandes pensées ou les dangereuses ambitions ; il élèvera l'homme au faîte des Grandeurs, ou le précipitera aux gémonies.

JUPITER ♃

C'est la planète favorable par excellence : son action s'exerce dans le sens de la justice, du droit et de l'honneur. Elle préside aux traités, aux contrats équitables, aux justes lois.

Son influence en fait le facteur principal, — pour l'individu — du bonheur dans le devoir, — pour la société, — de l'harmonie et de la paix sociales.

VENUS ♀

Vénus représente également l'honnêteté, mais avec plus de faiblesse et moins de rigidité que Jupiter.

C'est la douceur, la tendresse, la gaieté.

Elle inspire une bienveillance, un peu trop universelle, pour être précieuse,— une générosité trop imprévoyante, pour être efficace,

MERCURE ☿

Mercure correspond à l'activité cérébrale poussée à l'excès, avec plus de vivacité que de profondeur, à l'intensité vitale se manifestant plus en mouvement qu'en force.

Il donne l'éloquence et la faculté de persuader, l'intuition, l'imagination, l'invention.

Mais ces qualités ont un caractère superficiel et, suivant que l'influence sera heureuse ou funeste, leur rôle pourra être bienfaisant ou dangereux.

LA LUNE ☾

Malgré la faiblesse relative de sa masse et à cause de sa proximité, la lune exerce une influence considérable sur la terre et ses habitants ; elle détermine les marées et influe sur les menstruations.

Il est hors de doute qu'elle produit une sorte d'exaltation, pour partie physique, et exerce une étrange attraction sur certains cerveaux.

Ces divers phénomènes peuvent être invoqués comme une démonstration de la vérité astrologique, car ils constituent une manifestation physique de la puissance planétaire, et par là, ils rendent vraisemblables et probables les manifestations psychiques de celles-ci.

La lune, a-t-on dit, est un réflecteur qui renvoie à la terre la lumière du soleil, mais qui déverse aussi sur elle les forces sidérales ; aussi son action est-elle complexe.

Quand on la rencontre comme maîtresse de l'heure dans un horoscope, il faut avoir un soin tout spécial de déterminer les forces concomitantes qui peuvent se combiner à elle.

A cause de son orbite qui la maintient autour de la terre toujours voisine, mais toujours différente, son influence présente un caractère particulier.

Elle exalte le système nerveux et l'imagination et par suite peut avoir des conséquences extrêmement diverses, qui tantôt constituent cette excitation de la sensibilité qui crée les poètes et les artistes, et tantôt ces affections nerveuses qui vont de la névrose à la folie. Elle fait les imaginatifs, les inventeurs, les ambitieux.

MARS ♂

Mars est, en dehors de notre satellite, la planète la plus proche de la terre, celle qui lui ressemble le plus ; c'est peut-être pour cela qu'elle est un astre hostile.

Elle représente la force brutale, nécessaire à la marche générale du monde, mais redoutable pour qui la doit subir.

Il préside aux tremblements de terre, aux tempêtes, aux ouragans, aux éruptions volcaniques, aux guerres étrangères et civiles, aux émeutes et à toutes les catastrophes naturelles ou sociales.

Trop souvent, il inspire les violences, les crimes, les excès qu'entraîne l'orgueil et l'abus de la force physique.

Son influence, en général hostile, peut être parfois bienfaisante.

La force brutale, bien dirigée et doublée de la force morale, devient le courage, la virilité, l'esprit d'entreprise, etc., etc.

Dans un horoscope, suivant les circonstances,

il signifie aussi bien la blessure qui peut donner la mort, qu'une opération chirurgicale, c'est-à-dire la blessure qui guérit.

SATURNE ♄

Saturne est plus redoutable encore que Mars. Le mal qu'il fait n'est pas violent : il est sournois. C'est lui qui cause la maladie, qui lentement ronge l'homme et le mine, — qui amène les divers fléaux destructeurs de la fécondité de la terre, les gelées, l'humidité, les sécheresses excessives. Il rend les femmes stériles ou les frappe dans leur maternité ; — il déchaîne contre l'enfant l'essaim mortel des maladies qui le menacent ; il souffle au jeune homme et à l'adulte les tentations qui conduisent aux vices honteux et dévastent l'âme et le corps ; — il conseille les crimes lâches, les empoisonnements, les vols, les faux, la calomnie, etc., etc.

Il est d'autant plus dangereux, que pour accomplir son œuvre, il sait recourir à toutes les illusions et aux séductions de l'hypocrisie.

Puisque tout dans l'univers a son utilité, Saturne correspond au génie de la destruction ; c'est de lui qu'émane la force redoutable qui doit éliminer les individus trop faibles ou ma constitués, et empêcher les populations et les êtres de se développer à l'excès.

Telles sont les diverses forces favorables ou funestes, convergentes ou opposées, dont l'action ou la combinaison commandent aux manifestations de la vie sociale et individuelle et constituent la destinée.

CHAPITRE III

Influences directes et fixes des Constellations Zodiacales sur l'humanité et l'homme.

SOMMAIRE

Les étoiles fixes — Le zodiaque — TABLEAU *des prévisions approximatives et provisoires, que l'on peut tirer du rapport de la naissance aux signes du zodiaque — Les constellations et le corps humain — Tableau donné par les anciens occultistes — Absence de certitudes en cette matière — Comment il faut considérer les indications fournies par les constellations et les planètes confluentes.*

Le nombre des étoiles fixes est infini, mais le raisonnement et l'expérience nous démontrent, que toutes ne peuvent exercer une influence sensible sur la destinée humaine, et l'on ne s'occupe à notre point de vue, que de celles qui se trouvent dans la zone zodiacale.

Le Zodiaque est la région du ciel, dans laquelle se meuvent les planètes et que le soleil semble parcourir dans son mouvement annuel.

Rappelons en passant, l'erreur des anciens astronomes, qui considéraient que le soleil tournait autour de la terre immobile ; personne n'ignore aujourd'hui, que c'est précisément le contraire qui se passe.

Cependant, comme ce changement de conception ne modifie en rien les rapports *intersidéraux* et par suite les théories astrologiques, nous conserverons l'ancienne terminologie, non seulement parce qu'elle est traditionnelle, mais encore parce qu'elle est plus commode.

Les astres fixes placés sur le Zodiaque, se divisent en douze constellations appelées *constellations zodiacales*, — dont le total correspond à une révolution solaire, c'est-à-dire à l'année.

Chacune d'elle a un rôle propre et une influence particulière, qui agit sur l'homme et la vie humaine, en se combinant avec l'action planétaire. En voici la liste, avec l'indication des signes par lesquels on les désigne généralement, et la période pendant laquelle le soleil séjourne dans chacune d'elles.

La sagesse antique, une expérience prolongée pendant plusieurs milliers d'années, ont établi que chacune correspondait à un des douze facteurs de la vie sociale.

Aussi, suivant la date de notre naissance, subissons-nous une influence qui se manifeste par la prédominance dans notre vie de l'un de ces éléments.

Il faut remarquer également que, d'une façon générale, chaque constellation est, nous le verrons plus loin, rattachée d'une façon particulière à une planète dont l'action se combine à la sienne (1).

En tenant compte de ces deux observations, et en remarquant que les résultats ainsi obtenus ont un caractère simplement approximatif, nous pouvons dresser le tableau ci-contre qu'il faudra consulter avec prudence.

Il indique d'une façon générale comment agit l'influence des constellations sur les manifestations de la vie sociale, c'est-à-dire sur l'homme considéré comme une cellule du corps social.

Pour poursuivre le développement de la loi de Lagrange et des similitudes sidérales, il nous reste à déterminer les rapports de solidarité entre les constellations et l'individu, considéré comme unité vitale.

---

(1) Nous fournirons plus loin dans la théorie des Trônes et des Maisons sidérales, l'explication et la mesure de cette corrélation.

NAISSANCE	SIGNES — CONSTELLATIONS Planètes confluentes	SIGNIFICATIONS DANS L'HOROSCOPE	PRÉVISIONS GÉNÉRALES APPROXIMATIVES ET SUBORDONNÉES A L'HOROSCOPE
Du 21 Mars au 19 Avril	**BELIER** ♈ MARS	*Symbole de nos instincts, de la volonté énergique et impérieuse, de la combattivité.*	Exubérance du fluide vital, combattivité, énergie; les individus nés sous ce signe se lancent avec ardeur dans la lutte pour la vie, demeurent cependant généreux, prompts à l'affection et accessibles surtout aux passions de l'amour. L'*Influence planétaire* pourra pousser leur ardeur jusqu'à la brutalité, mais, en général, cette influence sera contenue par l'influence du signe.
Du 20 Avril au 20 Mai	**TAUREAU** ♉ VENUS	*Fécondité et persévérance, continuité dans l'effort.*	Amour du travail et des gains honnêtes qu'il procure; grande aptitude aux richesses économiques et commerciales. Enrichissement probable. L'*Influence planétaire* rendra en général les personnes nées sous ce signe, gracieuses, aimables, gaies, d'un commerce agréable.
Du 21 Mai au 20 Juin	**GEMEAUX** ♊ MERCURE	*Symbolisent l'union, l'unité, l'affection de ou pour ceux qui, dans la famille, sont au-dessous de nous.*	Grand développement des facultés familiales et affectives; grand amour pour ses parents, avec une tendance à se sacrifier pour eux et une disposition peut-être excessive à se laisser dominer par eux. L'*Influence planétaire* donnera la vivacité de l'intelligence, l'assimilation, une généralité d'aptitudes.
Du 21 Juin au 22 Juillet	**CANCER** ♋ LUNE	*Signifie le recul, le caprice, le changement.*	Santé à surveiller; tendances à la neurasthénie avec réaction sur le moral. Présomption, caprice, amour du changement. L'*Influence planétaire* aura une tendance à augmenter la tension nerveuse et les facultés imaginatives.
Du 23 Juillet au 22 Août	**LION** ♌ SOLEIL	*Signifie la force, la générosité, le courage, l'exaltation sentimentale.*	Développement extrême des facultés passionnelles; raison puissante; jugement éclairé; fidélité; fermeté; constance. L'*Influence planétaire* élèvera la conscience, donnera des aptitudes aux grandes choses.
Du 23 Août au 21 Septembre	**VIERGE** ♍ MERCURE	*Aptitudes à l'administration et à l'épargne.*	Economie pouvant, sous des influences défavorables, devenir excessive; aptitudes à l'épargne et à l'administration; peu d'imagination ou de facultés inventives. L'*Influence planétaire* donnera cependant de l'habileté dans la gestion des affaires.
Du 22 Septembre au 21 Octobre	**BALANCE** ♎ VENUS	*Equilibre, sagesse, loyauté, modération.*	Sociabilité; sagesse et loyauté dans les contrats; aptitude au mariage et à la vie matrimoniale et de foyer. L'*Influence planétaire* est susceptible de développer l'amativité, mais aussi, sous certaines influences, de conduire à la passion et à ses orages.
Du 22 Octobre au 20 Novembre	**SCORPION** ♏ MARS	*Haine, Jalousie, Trahison.*	**Signe malheureux pouvant cependant se compenser par une autre influence favorable. Ceux qui sont nés sous ce signe devront tirer leur horoscope.** Disputes, haines, procès, divorces, menaces de mort violente. Danger de souffrir de ces maux ou de les infliger aux autres. L'*Influence planétaire* de Mars poussera le diagnostic astral vers la brutalité et la violence. **Horoscope à établir. — Précautions à prendre.**
Du 21 Novembre au 20 Décembre	**SAGITTAIRE** ♐ JUPITER	*L'esprit de poursuite, l'énergie, la persévérance dans toutes les opérations de la vie individuelle et sociale.*	Passion dans la recherche des choses difficiles : dans le domaine matériel : chasse, explorations; dans l'ordre moral : désir d'apprendre, poursuite de la science et du beau, acharnement contre ses ennemis. L'*Influence planétaire* ajoutera l'autorité, le jugement, la sagesse, la mesure, l'honneur.
Du 21 Décembre au 19 Janvier	**CAPRICORNE** ♑ SATURNE	*Ambition, gloire, pouvoir, élévation sociale.*	Poursuite et obtention des dignités, des honneurs, de la gloire. L'*Influence planétaire* poussera souvent ceux qui les recherchent à recourir à des manœuvres basses et tortueuses, à ne reculer devant rien, même devant le crime, pour satisfaire leur redoutable passion et souvent encore les rendra victimes des mêmes excès.
Du 20 Janvier au 18 Février	**VERSEAU** ♒ JUPITER ou pour quelques-uns Saturne en position favorable	*Situation avantageuse, profit, bienveillance, ou soumission.*	Aptitude à tirer parti et à tourner à son utilité et à l'utilité générale les relations sociales; bienveillance chez le patron. Soumission affectueuse chez l'inférieur; espérance d'une situation avantageuse. L'*Influence planétaire* développera les idées de loyauté réciproque et de devoir.
Du 19 Février au 20 Mars	**POISSONS** ♓ SATURNE ou Jupiter en mauvaise position	*Dangers, Catastrophes, Trahisons.*	**Signe dangereux : même observation que pour le Scorpion.** Menaces de dangers imprévus; catastrophe; ruine; calomnie; trahisons, etc., etc. L'*Influence planétaire* rend ces présages plus néfastes encore.

NOTA. — **Consulter ce Tableau avec prudence et sous réserve d'opérations plus précises.**

Les anciens occultistes établissaient une assimilation entre le système zodiacal et le corps humain et ils avaient même dressé le tableau suivant :

Le Bélier correspond		à la tête.
Le Taureau	—	aux épaules.
Les Gémeaux	—	aux bras.
Le Cancer	—	à la poitrine.
Le Lion	—	aux reins.
La Vierge	—	au ventre.
La Balance	—	à l'épine dorsale.
Le Scorpion	—	aux organes de reproduction.
Le Sagittaire	—	aux cuisses.
Le Verseau	—	aux jambes.
Les Poissons	—	aux pieds.

Nous fournissons ces indications à titre de curiosité, et parce qu'on les retrouve dans quelques ouvrages modernes ; mais ces analogies ne nous paraissent pas suffisamment démontrées ni par la théorie, ni par l'expérience. Nous ne les retiendrons donc pas.

Sans doute, il nous paraît certain que le rapport existe, mais les éléments nous manquent pour le déterminer scientifiquement et de bonne foi; comme il ne présente pas d'importance, au point de vue qui nous occupe, nous n'y insisterons pas davantage.

Nos lecteurs ont certainement remarqué que, tandis que les influences planétaires se diversifient à l'infini, — puisqu'elles dépendent, non seulement de la position variable occupée par l'astre, mais encore de sa situation par rapport aux autres astres, — les influences des constellations fixes sont fixes elles-mêmes.

Elles constituent, en quelque sorte, le canevas de la vie humaine et l'action planétaire vient y broder les incidents, qui vont caractériser cette vie, et lui donner son aspect particulier et définitif.

Elles ne peuvent qu'indiquer des tendances générales, que les circonstances viendront peut-être contrarier, modifier ou même transposer d'une façon complète.

Dès lors, il ne faut ni s'en effrayer, ni s'en enorgueillir, mais demander à l'horoscope, manifestation définitive de la science, une connaissance plus parfaite de la vérité.

CHAPITRE IV

ASTRALITÉS,
Patries ou Tribus Astrales

SOMMAIRE

Encore la loi des similitudes — Le septennaire universel : *Septennaire sidéral — Septennaire ethnologique — Septennaire social — Septennaire moral — La division de la Société en sept groupes — Nationalités astrales ou astralités — Astralité solienne — Astralité jupitérienne — Astralité mercurienne — Astralité vénusienne — Astralité marsienne — Astralité saturnienne — Astralité lunaire — Approximation des résultats ainsi obtenus.*

S'il est facile de voir par le seul examen du tableau élémentaire que nous venons de donner dans le précédent chapitre, à quelle influence zodiacale un individu est soumis et dans quel sens celle-ci s'exerce, on ne saurait déterminer les influences planétaires qui président à une destinée, qu'en reconstituant et en interprétant l'état du ciel, au moment de la naissance du sujet.

On y arrive par un calcul, dont le lecteur trouvera plus loin la règle et la clef : Cependant, quelques signes extérieurs permettent, au premier coup d'œil, de déterminer, sinon avec certitude, du moins avec quelque probabilité la planète, dont tel ou tel individu subit l'action, celle à laquelle son existence se rattache, ce que l'on peut appeler « *sa patrie astrale* ».

Il nous paraît intéressant de donner, avant d'aller plus loin quelques indications à ce sujet, — — d'abord, parce que, si le calcul peut seul fournir un résultat précis, il est quelquefois commode d'obtenir sans peine une simple approximation ; ensuite, parce que les renseignements qui suivent peuvent être d'une grande utilité dans les rapports de la vie sociale.

Il est utile de savoir sous quel astre nous sommes nés nous-mêmes ; peut-être le serait-il autant de connaître les influences planétaires que subissent les personnes avec qui nous sommes en rapport, et d'avoir, par suite, la clef de leur caractère et de leur destinée.

Il est évident que j'ai intérêt, avant de déposer des fonds chez un banquier, à savoir si celui-ci n'est pas menacé de quelque catastrophe ; avant de me lier avec quelqu'un, de prendre un employé ou un domestique, de rechercher si quelque mystérieuse influence ne les prédestine pas à l'infidélité ou au crime.

Il n'y aurait aucune absurdité à exiger un horoscope des personnes avec qui l'on traite, dans les mêmes conditions que l'on demande des références.

Reconnaissons que dans la pratique, ce ne serait pas toujours possible.

Mais, pour suppléer à cette impossibilité, il y a des signes qui donnent des indications vagues, mais dans bien des cas suffisantes, sauf, s'il en est besoin, à les vérifier ou à les compléter.

L'existence des ces signes est établie à la fois par le raisonnement et par l'expérience.

Nous avons constaté, à propos de l'étude des constellations, l'application de la loi des similitudes ; nous avons vu, en effet, que chacun des douze groupes zodiacaux, correspond à l'une des douze grandes manifestations de la vie sociale.

Nous devons logiquement rencontrer un phénomène semblable, à propos du système planétaire, qui va se refléter lui aussi, dans ce miroir qu'est l'humanité.

De même que le premier se divise en sept mondes qui, pareils par la matière, l'origine, les lois auxquelles ils obéissent, diffèrent par la masse, l'orbite et les qualités rayonnantes; — de même, la seconde doit se différencier en sept groupes, à la fois semblables par les caractéristiques fondamentales et différents par les modalités physiques et morales.

Or, il est facile de constater que cette division septennaire se retrouve bien à tous les étages de l'humanité : Il y a en effet, sept races primaires.

Chacune d'elle correspond à une planète dont elle subit plus particulièrement l'influence.

Mais dans la race elle-même, dans chaque pays, dans chaque groupement humain, la même classification se retrouve.

Regardons autour de nous, en considérant les individus, dans celui de leurs aspects qui tombe immédiatement sous les sens.

Il est impossible de ne pas s'apercevoir qu'ils se rattachent tous à un certain nombre de types. Comptons ceux-ci et nous verrons qu'ils sont sept! Passons à l'examen des qualités morales : Raison — Intelligence — Prudence — Volonté — Amativité — Imagination — Probité.

Sept encore ! Et de même, il y a sept vices fondamentaux, puisque les vices ne sont que les contraires ou les exaltations des qualités.

Il est donc extrêmement vraisemblable, que le septennaire humain correspond au septennaire astral.

L'expérimentation fera de cette vraisemblance une certitude et elle nous indiquera, en outre à quelle astralité ou patrie astrale, chaque individu se rattache.

Cette astralisation opérée à l'aide des signes physiques, à propos desquels, il ne peut pas y avoir d'erreur, — et une fois que nous connaîtrons ainsi à quelle influence planétaire obéit notre sujet, — il nous sera facile d'en déduire, en utilisant les données fournies au chapitre II, son caractère, ses aptitudes et l'orientation générale de sa destinée.

Nous ne devrons pas nous faire illusion sur l'absolue certitude des indications ainsi obtenues, mais, à cause de sa commodité et de sa facilité, l'opération sera pratique dans la vie courante.

Voici la série de ces portraits planétaires.

Astralité solaire

Le *Solien* se caractérise par la dignité de l'allure, l'autorité du maintien, l'ampleur et la sobriété du geste, la gravité de la parole.

L'œil est marron et jaune, plus rarement bleu d'acier, le regard impérieux et cependant bienveillant; la bouche en arc, avec la lèvre supérieure forte, a une expression dont la douceur se nuance d'un peu de dédain.

Le front est haut avec tendance à la calvitie ;

l'oreille plutôt grande, mais régulière, adhère bien à la tête.

Le nez est fort avec une ordinaire dilatation des narines.

Le *Solien* est disposé à se mettre en avant et à dominer, mais il le fait avec simplicité et naturel, en homme que la destinée désigne à figurer au premier rang.

Cette tendance se manifeste dans quelque position qu'il se trouve placé : Dans la vie publique il sera un homme d'Etat considérable; sur la scène de l'existence un père noble majestueux; — s'il n'a pas d'armature morale suffisante pour soutenir ses prétentions, il pourra devenir un monsieur Prudhomme ridicule et boursouflé.

S'il domine comme son tempérament l'y pousse, il sera bienveillant, juste, indulgent ; si les circonstances contrarient son caractère, les qualités disparaîtront et se transformeront en défauts. La destinée, qui lui promet le pouvoir, l'expose aussi aux chutes retentissantes.

En résumé, s'il est votre supérieur, réjouissez-vous ; — votre camarade, observez-vous ; — votre inférieur, méfiez-vous.

Astralité jupitérienne

Le type jupitérien se rapproche un peu du type solien.

Il comporte moins de majesté, mais inspire plus de sympathie.

L'œil est doux, sans faiblesse, en général grand, ouvert, un peu mouillé : il regarde en face et produit une forte impression de franchise.

La voix est agréable, le geste élégant; les lèvres sont fortes.

Le front large et haut sans exagération est fréquemment dépouillé ; — les cheveux varient du chatain foncé au blond roux.

Le menton large ou rond est bien dessiné.

Quand vous aurez reconnu le Jupitérien, vous pouvez vous fier à lui ; sa loyauté est absolue; il est de ceux dont on dit couramment que la parole vaut de l'or. C'est l'homme du devoir attrayant et de la vertu aimable.

Il est bon, mais ne prenez pas sa bonté pour de la faiblesse, et ne cherchez pas à en abuser. Vous vous apercevriez vite que sous le velours, il y a de l'acier, et sous la bienveillance, l'énergie.

Astralité mercurienne

Les mercuriens sont vifs, souples, alertes. Ils vont partout d'un pas rapide, léger, ailé, dirait-on, en songeant aux attributs du Dieu qui fut leur parrain.

Leur allure est jeune, même quand ils sont vieux. En revanche, ils ont des cheveux blancs de bonne heure; c'est comme une rançon, qu'ils paient à la vieillesse qui ne les atteint pas.

Gracieux, sympathiques, ils ont le don de plaire au premier abord.

Ils se passionnent vite, mais se détachent de même.

Ils ne connaissent rien à fond, mais savent tout un peu, et s'entendent merveillleusement à tirer parti de ce peu ; ils ont de rares qualités d'intuition, et ce qu'ils ignorent, ils le devinent.

Ils excellent rarement en une matière, mais très assimilateurs, ils se prêtent à tout. En général, éloquents, ils persuadent plus qu'ils ne convainquent.

Si l'influence planétaire s'exerce en mauvais sens, ces brillantes qualités deviendront de dangereux défauts et ce changement pourra se produire, suivant le temps et les circonstances, dans un même individu.

Leur vocation et leurs aptitudes les poussent vers toutes les carrières et toutes les situations, où il est nécessaire de séduire et de persuader.

Ils seront suivant les influences convergentes, diplomates ou intrigants ; — orateurs brillants et sincères, ou bien rhéteurs sans conscience et blagueurs sans scrupule, — avocats éloquents ou simplement escrocs ; — commerçants habiles ou chevaliers d'industrie redoutables.

Profitez de l'agrément de leurs relations, utilisez leurs qualités réelles, mais gardez-vous d'avoir en eux une confiance absolue ; vous seriez exposés à des mécomptes.

Astralité vénusienne

Une bouche tout en sourires, l'œil tendre et rieur, le teint en général clair, un nez rond ou gentiment retroussé, des fossettes un peu partout à travers un visage grassouillet, telle est la personne marquée de la signature de Vénus.

Ne lui demandez ni les grands dévouements, ni les longues fidélités, ni les admirables héroïsmes, ni les fougues de la passion.

Homme, ce sera le camarade agréable, mais sur lequel il ne faut pas compter ; femme, elle sera la compagne aimable, rieuse et gaie des jours heureux.

Ne les redoutez pas ; vous n'avez aucun mal à en craindre ; mais, en temps d'épreuves, n'en attendez pas une constance qui n'est pas dans leur nature.

Astralité marsienne

La voix vibrante, l'œil assuré et dur, le nez osseux, droit ou recourbé, le menton carré ou en galoche; trapu ou élancé, mais toujours musculeux, le sourcil facilement crispé et la lèvre retombante aux commissures, le poil frisé ou rude :

Tel est le Marsien.

Si l'influence planétaire se produit en un aspect funeste, ce sera une brute dangereuse.

Si, au contraire, elle se combine dans de favorables conditions, il sera un héros manifesté ou en puissance.

Il est également apte à devenir le soudard de caserne, le matamore d'estaminet, que le vaillant soldat, qui combat ou meurt pour son pays.

Astralité saturnienne

Cette sombre planète communique un aspect sombre à ceux qui sont marqués de son empreinte.

Ils sont maigres, secs, pâles, les cheveux noirs, tantôt dressés et roides, tantôt retombant et huileux, la mine sombre ou mélancolique, la marche plus lugubre qu'imposante.

S'ils se forcent à l'amabilité et au sourire, défiez-vous, c'est que l'influence astrale est funeste ; alors, dans ce mélodorame qu'est la vie, ils jouent le rôle du traître ; il faut tout craindre d'eux ; c'est Tartuffe !

Si les influences convergentes sont favorables, ils pourront au contraire, représenter le devoir désagréable, ils seront de ces gens vertueux qui rendent la vertu ennuyeuse et antipathique.

Quand ils sont agréables à fréquenter, c'est qu'ils sont dangereux. Quand ils ne sont plus dangereux, c'est qu'ils sont ennuyeux.

Astralité lunaire

Voyez cet homme qui s'en va là-bas, tantôt les yeux penchés vers la terre, tantôt perdu dans les nuages; il court ou il ralentit sa marche, il fait des gestes dont n'apparaît pas la cause, prononce des paroles qui ne s'adressent à personne ; il traverse la foule ; on regarde, on sourit, on le bouscule, on l'interpelle ; il ne voit rien, il n'entend rien, il va, perdu dans son rêve.

Secouez-le, il se réveille, et vous regarde d'un air ahuri ; « *il tombe de la Lune* », dira Gavroche. Non, pas tout à fait, il en procède tout simplement.

La Lune, réflecteur de l'univers céleste, exerce des influences qui varient à l'infini ; c'est l'astre multiforme ; multiformes aussi sont les Lunaires.

Tantôt la figure est ronde, souriante, étonnée, c'est la pleine Lune. Tantôt, elle est longue, pâle, maigre, encadrée de cheveux de couleur variable, mais toujours fins et déliés, c'est le dernier quartier.

Le lunaire est physiologiquement un lymphatico-nerveux, qui sera facilement un névrosé ; — moralement, un imaginatif.

C'est le poète passionné d'images et de figures qui va pourchassant la rime; c'est l'inventeur qui poursuit un calcul; c'est le rêveur qui se grise d'illusions, se nourrit de nuages, et habite, dans une vague Espagne, d'hypothétiques châteaux.

Si d'autres influences viennent fortifier la puissance de son imagination, c'est le génie ; si non, c'est l'éternel enfant, l'être falot, inutile ou ridicule et intellectuellement malade.

Gardez-vous de l'admirer trop vite, c'est peut-être un fou.

Gardez-vous d'en rire, c'est peut-être un grand homme.

⁂

Nous avons ainsi achevé de tracer d'une plume rapide, la série des signalements planétaires; il est facile de se convaincre, qu'ils correspondent à tous les types humains.

Sans doute, nous ne les trouverons pas toujours à l'état pur ; souvent ils se présenteront à l'état complexe. Mais il sera facile d'en décomposer les éléments et de tirer de leur combinaison les conséquences qui conviennent.

Rappelons, encore une fois, que si les indications fournies dans les pages qui précèdent peuvent avoir quelque utilité, ce ne peut être qu'à la condition de ne les considérer que comme des approximations provisoires, sans valeur certaine.

Remarquons cependant que l'on pourra obtenir un degré d'approximation plus élevé en combinant les deux indications que nous savons maintenant obtenir : c'est-à-dire celles qui nous sont fournies par la physionomie et celles qui résultent de l'influence zodiacale.

Soit, un sujet que les signes extérieurs classent parmi les lunaires et qui est né, par exemple, le 10 août, c'est-à-dire sous le signe du Lion.

L'influence lunaire se caractérisera par l'exaltation des facultés imaginatives, mais celles-ci peuvent agir en double sens, tantôt en bien, tantôt en mal ; or, comme le signe du Lion promet la raison et l'aptitude aux choses élevées, le présage fourni par l'astre sera pleinement favorable et nous le traduirons ainsi :

« Imagination puissante éclairée par le rai-
« sonnement : Sera poète, écrivain, inventeur
« heureux. »

Cependant, nous sommes encore bien loin de l'absolu scientifique.

Dans le chapitre qui suit, nous allons faire, sans l'atteindre encore, un pas de plus vers lui.

DEUXIÈME PARTIE

Etablissement de l'Horoscope

CHAPITRE V

De l'Horoscope en général

SOMMAIRE

Définitions — Divisions — L'horoscope et le thème de nativité — L'horoscope et le thème de spécialité ou révolution — Réponse à quelques objections des sceptiques — Caractère suffisamment étendu des observations astrologiques — Les nouvelles découvertes de la science et l'Astrologie — L'expérience de cinquante siècles — Scrupules scientifiques.

L'horoscope, ainsi que son étymologie grecque l'indique, est l'opération qui permet, — par l'application de règles que fournissent la raison, l'expérience et la tradition, — d'interpréter l'état du ciel à un moment donné et d'obtenir par là la connaissance de l'avenir.

On appelle *Thème* la reproduction ou la reconstitution de la carte du ciel au moment choisi pour l'horoscope.

Il y a deux sortes d'horoscopes :

L'*Horoscope* proprement dit, qui se place au moment de la naissance de l'individu et annonce son caractère, l'orientation de sa vie et les divers incidents qui la marqueront.

L'*Horoscope de spécialité* ou de révolution, qui fournit les présages relatifs à un événement ou à un instant donnés (1).

Au premier, correspond le *thème de nativité*; au second, le *thème d'actualité.*

Nous abordons maintenant le domaine de la science proprement dite.

Jusqu'ici, en effet, nous avons parlé des actions sidérales et nous nous sommes attachés à déterminer leurs effets, comme si elles s'exerçaient d'une façon directe et isolée, et par là, nous n'avons pu nous mettre en harmonie complète avec la réalité des choses.

Au début de ce travail, nous avons expliqué que ce qui donne à l'astrologie un caractère scientifique et en fait une science exacte, c'est qu'elle n'est qu'un des aspects de l'astronomie, et un

---

(1) Il demande, pour être établi avec certitude, des calculs compliqués ; il est basé sur des considérations particulières, longues à développer. Nous l'étudierons dans un autre volume, qui, si les astres le veulent, fera suite à celui-ci.

développement logique du principe fondamental de la gravitation universelle.

Or, la gravitation se produit par l'action proportionnelle à leur masse, que les mondes sidéraux exercent, les uns par rapport aux autres ; dès lors, l'influence que l'homme et les affaires humaines vont subir, va être la résultante des forces astrales combinées.

Pour connaître une destinée, il ne suffira donc pas de savoir qu'un homme est né sous tel ou tel astre, mais il faudra encore connaître l'état du ciel au moment de sa naissance et la formule des combinaisons célestes, qui se produisaient à cet instant.

Mais, va-t-on nous objecter, pour connaître l'influence sidérale et le sens dans lequel elle s'exerce, ne serait-il pas indispensable de connaître, non seulement l'action dégagée par un seul ou quelques astres arbitrairement choisis, mais encore celle de tous ceux qui peuplent l'immensité céleste.

Or, comme leur nombre est infini, une telle objection équivaudrait à une impossibilité.

La réponse est facile. Ce qu'il faut, c'est non pas analyser un à un les rayonnements dynamiques émanant des étoiles fixes, mais déterminer l'influence globale, qu'ils exercent sur nos destinées.

L'expérience a établi que la solidarité intersidérale n'existe à notre regard, que pour les astres qui jalonnent la large route du Zodiaque.

C'est elle également, qui nous a appris à diviser ces derniers d'après leurs effets, en douze groupes qu'on appelle constellations.

C'est elle encore, qui nous a enseigné que les émanations planétaires ne se combinent d'une façon intéressant l'humanité, que lorsqu'elles se heurtent sous certains angles que nous déterminerons un peu plus loin, en étudiant la *théorie des aspects*.

Dès lors, lorsque nous dressons un horoscope, en ne tenant compte que de quelques constellations ou de l'action produite par quelques planètes, nous avons cependant résumé et condensé le total de l'action sidérale.

Mais ce ne sont pas là les seules objections que les sceptiques nous opposent. Ils nous reprochent d'ignorer les découvertes nouvelles de l'Astronomie et se livrent à notre égard à des plaisanteries faciles, parce que dans nos raisonnements, nous parlons de la course annuelle du Soleil, le long de la voie zodiacale.

Qu'ils se rassurent, notre ignorance ne va pas jusque là, nous n'ignorons pas Galilée et le principe de l'immobilité, au moins relative, du pivot de notre système planétaire.

Mais, quand il s'agit d'étudier les rayonnements

respectifs de deux corps, dont l'un est immobile, tandis que l'autre circule autour de lui, suivant une orbite donnée, il importe peu que ce soit l'un ou l'autre qui soit mobile, et, bien que le soleil soit fixe, au point de vue de la mécanique astrale tout se passe comme s'il tournait.

Rien ne nous aurait été plus facile que de changer notre langage, mais à quoi bon, puisqu'il est exact, quant à ses résultats.

Du reste, sur ce point, que faisons-nous autre chose que d'imiter l'exemple des artistes, des écrivains et même des astronomes, qui parlent du lever ou du coucher du soleil, bien que le soleil ne se lève, ni ne se couche.

Mais, ajoute-t-on, et les planètes nouvellement découvertes, qu'en faites-vous? Pourquoi donc, ne donnez-vous pas une place dans vos horoscopes à Neptune, par exemple ?

Ces planètes ont une masse et par conséquent un rayonnement faibles et par suite une faible influence. Celle-ci s'est trouvée comprise et comme fondue au cours d'expériences séculaires, dans les observations des astrologues.

Au surplus, notre attitude à ce sujet, est une preuve de bonne foi.

Si nous étions seulement préoccupés de frapper l'esprit des foules, il nous serait peut-être avantageux de faire entrer dans nos calculs, ces astres nouveaux.

Mais nous n'oublions pas que la force de l'astrologie repose sur une série non interrompue d'expérimentations et nous considérerions comme un crime d'introduire, au milieu de certitudes acquises, des spéculations hasardées.

Nous savons que Johan Glaser fait en ce moment des recherches sur l'influence propre de Neptune, mais les résultats qu'il a obtenus, ne rentreront dans notre corps doctrinal, que lorsqu'ils auront été consacrés par le temps.

C'est précisément cette attitude scrupuleuse traditionnellement continuée, qui nous rend inébranlables.

Ne rien affirmer que la science n'indique et que l'expérience n'ait des milliers de fois confirmé : Telle fut la règle à laquelle les astrologues dignes de ce nom se sont toujours scrupuleusement soumis.

Les adversaires de l'astrologie, Bailly, notamment lui reprochent d'être une erreur de cinquante siècles.

Qu'ils prennent garde ! ce serait à désespérer de la raison humaine, si une opinion acceptée pendant cinquante siècles n'était pas une éclatante vérité !

Est-ce que du reste, l'histoire ne fournit pas

à chaque page des démonstrations de cette vérité.

Quel est le grand événement que les astrologues n'ont pas prédit, depuis les arcanes mystérieux de l'Egypte antique, jusqu'aux centuries de Nostradamus ?

Mais il ne faut pas confondre les amusements de la foule avec les décisions de la science.

Nous-même, avons-nous pris grand soin de distinguer dans les pages qui précèdent les approximations faciles, des calculs scientifiques constitués par les seuls *horoscopes*.

CHAPITRE VI

Du Thème de Nativité

SOMMAIRE

*Le thème direct — Le thème calculé — De l'orientation du zodiaque — Les maisons solaires — Rapport entre le temps et l'espace — Détermination de l'*Ascendant *— Placement des planètes dans le zodiaque orienté — « La Connaissance des temps » — Des inconvénients du thème classique — Table des ascensions droites.*

Nous venons de voir dans le chapitre précédent que l'opération fondamentale de l'horoscope, c'est l'établissement du thème. Nous savons également qu'on appelle ainsi la carte du ciel, au moment de la naissance ou de l'événement à propos duquel on consulte.

***

Dans certaines circonstances particulières, le thème peut être établi de façon directe, soit par l'examen immédiat de la voûte étoilée, soit par une photographie sidérale.

Il n'est pas besoin de dire que ce procédé dispense de tout calcul, met à l'abri de toute erreur et par suite est le meilleur, quand il peut être employé.

Mais il faut pour cela, que l'Horoscope soit établi, au moment même de la naissance du sujet. Il faudrait en outre procéder à la consultation la nuit et disposer d'un lieu d'observation et des instruments nécessaires.

Le plus souvent, il faudra reconstituer l'état du ciel par le calcul.

C'est là l'hypothèse normale; c'est celle dont nous allons nous occuper.

L'opération se subdivise elle-même en deux parties :

L'orientation du zodiaque.

La position des planètes.

L'orientation du zodiaque consiste à placer la terre par rapport au zodiaque dans la situation où elle se trouvait à la date indiquée.

Nous n'ignorons pas que le soleil et le cercle zodiacal sont immobiles et que c'est la terre qui se meut.

Mais nous avons expliqué, qu'au point de vue

du rayonnement intersidéral, tout se passe comme si la terre était le pivot fixe autour duquel circule l'univers céleste.

Cette hypothèse étant plus commode, nous la conserverons dans notre raisonnement. C'est donc le cercle zodiacal que nous allons faire fictivement tourner.

Mais avant d'aller plus loin, nous devons ouvrir une parenthèse et faire intervenir un nouvel élément.

Il est facile d'admettre que, suivant la position que la terre occupera par rapport aux constellations, l'influence de celles-ci pourra se manifester de façon différente. Et, en effet, les expériences multi-séculaires, sur lesquelles nous devons nous appuyer chaque fois qu'une difficulté se présente, ont permis d'établir que, suivant qu'ils venaient de telle ou telle partie du ciel, les rayonnements sidéraux, bons ou mauvais, et quelle que fut leur source, affectaient spécialement tel ou tel des éléments dont se compose la destinée humaine.

Pour permettre de faire entrer ce facteur dans le calcul, la sagesse antique a fictivement divisé la voûte céleste en douze parties appelées *Maisons*, numérotées dans un ordre inverse à la marche des aiguilles d'une montre.

Chacune d'elles correspond à une des manifestations de la vie sociale.

I Vie. — II Richesses. — III Frères et collatéraux. — IV Parents, foyer. — V Enfants. —

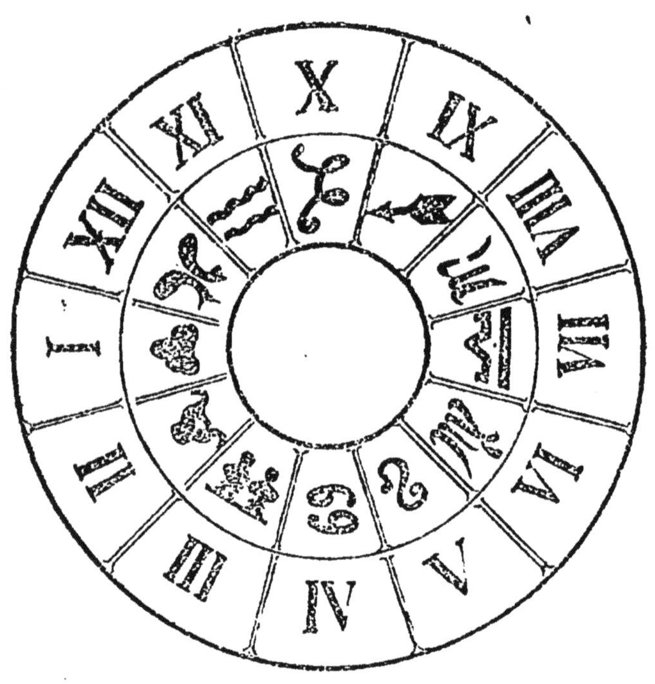

VI Santé. — VII Mariage, Contrats. — VIII Mort, Deuils, Guerres, Procès. — IX Intellectualité. — X Dignités, Considération sociale. — XI Amis, Relations sociales. — XII Ennemis.

Leur ensemble constitue un cercle fixe par rapport auquel le zodiaque va, par hypothèse, se mouvoir.

Lorsque le zodiaque est au repos, le signe du

Bélier correspond à la maison I, le signe du Taureau à la maison II et ainsi de suite.

L'expérience, l'instinct mystérieux, dont nous avons constaté l'existence et expliqué l'origine, nous ont de bonne heure appris à rattacher la vie humaine à l'activité sidérale et à mesurer la course du temps, à l'aide de la marche immuable des astres.

Il existe donc entre la durée et les espaces célestes un rapport, et c'est sur ce rapport que sont surtout basés les calculs astrologiques.

Le cercle du zodiaque correspond à la fois à la course annuelle du soleil et la rotation journalière de la terre. Chaque signe représente donc — en durée — un mois de l'année ou deux heures de la journée ; et en étendue, — le douzième de la circonférence, soit 360/12 = 30 degrés.

Il suit de là que l'heure équivaut à quinze degrés, et le degré à 4 minutes.

Donc, étant donnée une date, c'est-à-dire un point du temps, rien ne sera plus facile, que de trouver le point de l'espace auquel elle se rattache.

Toute date précise comprend trois éléments :

L'année, dont nous ne nous occuperons pas encore, et qui sera individualisée dans l'horoscope par la position des planètes.

La date du jour, qui correspond à un point déterminé du cycle solaire.

L'heure qui correspond à un point de la rotation de la terre.

***

Ceci posé supposons une naissance survenue le 25 août 1905, à 7 h. 20 du soir.

Il s'agit d'orienter l'horoscope ; on peut y arriver de plusieurs manières. La plus simple consiste à chercher, à l'aide des indications fournies par la marche du soleil à travers le zodiaque et la table des ascensions droites, le signe qui occupe le zénith, c'est-à-dire, la *Maison* qui est au haut du cercle.

Tout d'abord, rappelons que chaque signe comprend 30 degrés qui correspondent, à une fraction négligeable près, à trente jours.

En me reportant au tableau des constellations donné plus haut, je vois que le soleil est entré dans la constellation de la Vierge, le 22 août, et comme il parcourt un degré par jour, il occupe le 25 août, le 4e degré du signe.

A quel degré du cycle solaire correspond ce chiffre ?

Pour le trouver, reportons-nous à la table des ascensions droites (à la fin du chapitre); cherchons dans la colonne I, le 4e degré ; une fois là, suivons horizontalement jusqu'à ce que nous soyons arrivés à la colonne de « la Vierge », où nous rencontrons cette indication 154° 57′, qui nous donne le point du cycle solaire annuel.

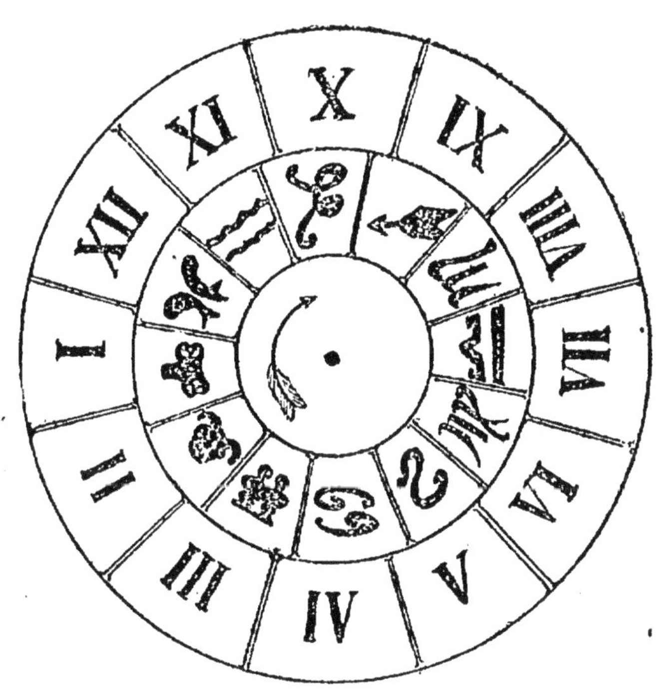

Revenons à l'heure : 7 h. 20, avons-nous dit ; cela fait 440 minutes ; ou bien, comme une minute représente 4 degrés = 440/4 = 110 degrés.

J'ajoute les degrés de l'heure aux degrés du jour.

$$154.57 + 110 = 264.57.$$

Je reprends la table des ascensions droites ;

je cherche dans les colonnes jusqu'à ce que je rencontre le nombre ainsi obtenu ou celui qui s'en rapproche le plus; 264.33. Je regarde en haut; nous sommes dans le signe du *Sagittaire;* suivons horizontalement jusque dans la colonne I, qui indique les degrés de signe. Là je trouve 26.

Le résultat cherché est obtenu ; c'est au 26e degré du *Sagittaire,* que commence la dixième maison, qui se trouve aussi commandée à la fois par le Sagittaire et le Capricorne.

La figure de la page 96 est donc devenue cellede la page précédente.

Nous conseillons à nos lecteurs, pour faire plus commodément ces observations, de construire un petit appareil d'une extrême simplicité (1).

Qu'ils tracent sur un papier épais, ou mieux un carton, le grand cercle des maisons solaires (A) conformément au dessin ci-dessus ; qu'ils découpent ensuite dans le même carton une rondelle de la grandeur du cercle intérieur B ; que sur cette rondelle C, ils dessinent les signes zodiacaux ; qu'ils réunissent les centres des deux cercles par une agrafe, mais de façon à ce que le petit, tout en adhérant exactement, demeure mobile autour de son axe.

(1) Cette construction toute faite est gracieusement offerte aux acheteurs de ce volume. (*Note de l'Editeur.*)

Ils pourront ainsi, en se conformant aux indications ci-dessus, obtenir l'orientation d'un coup de pouce, et, en représentant les planètes par des épingles de différentes couleurs, ils établiront

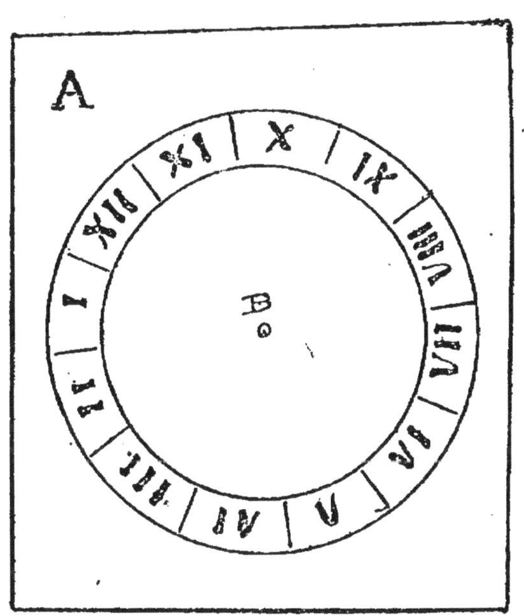

tous les horoscopes, sans avoir à construire les figures.

***

L'orientation zodiacale ainsi otenue, il ne reste plus qu'à rechercher la position exacte des planètes dans chaque signe, à la date indiquée.

Pour cela, il faut se reporter aux éphémérides astronomiques publiées, en un volume annuel, par les soins de l'Observatoire et sous le nom de « La *Connaissance des temps* ». La situation de chaque planète dans le zodiaque s'y trouve indiquée avec date, heure, minute, seconde.

La collection de cet ouvrage se trouve dans toutes les bonnes bibliothèques et en tous cas, on peut toujours se procurer le volume qui intéresse. (*Gauthier-Villars, éditeurs*).

Au bout de quelques minutes, on est familiarisé avec l'usage de ces tables et on trouve sans la moindre difficulté, les renseignements recherchés.

Rien n'est donc plus simple que d'établir un thème correct.

Cependant, il n'est pas toujours commode de consulter « La connaissance des temps », surtout si l'on fait des observations fréquentes et se rapportant à des années différentes.

En outre, si l'on opère à propos de naissances ou d'événements, qui se placent hors et un peu loin de Paris, la connaissance des ascensions droites, que nous donnons ici, devient insuffisante et il faut faire les corrections relatives à la latitude, à l'aide de la table des ascensions obliques, un peu plus difficile à manier.

Enfin, l'horoscope mathématique offre sans doute d'amples garanties de certitudes, mais à la condition de posséder des renseignements extrêmement précis.

Or, à propos d'une naissance, le consultant ne

peut guère garantir la date complète, que s'il y a assisté.

Si, comme cela arrive le plus souvent, on n'a que les indications de l'acte de naissance, tous les calculs que l'on fait sont en pure perte, car la base en est peu certaine.

D'abord, on n'a pas le chiffre des minutes, — indispensable ici; — l'heure n'est qu'approximative et très souvent le jour lui-même est erroné; cela arrivera notamment, lorsque les parents auront laissé passer les délais légaux. Alors, pour éviter une amende et des inconvénients graves au point de vue de la loi civile, ils seront souvent, sinon toujours, incités à faire une déclaration fausse.

Or la moindre inexactitude a pour résultat de vicier absolument le thème; c'est pour cela que des horoscopes dressés par les astrologues les plus estimables se trouvent parfois contredits par les faits.

Aussi des savants distingués se sont demandés, s'il ne serait pas possible d'établir un thème par un autre procédé qui, avec plus de commodité, assurerait presque autant de certitude.

Ces préoccupations se sont surtout fait jour depuis que l'astrologie a cessé d'être un domaine réservé à une élite restreinte, pour se faire accessible à tous les esprits éclairés et de bonne volonté.

TABLE DES SCENSIONS DROITES

DEGRES du Signe	BELIER	TAUREAU	GEMEAUX	CANCER	LION	VIERGE	BALANCE	SCORPION	SAGITTAIRE	CAPRICORNE	VERSEAU	POISSON
1°	0° 0'	27°54'	57°48'	90° 0'	122°11'	152° 6'	180° 0'	207°54'	237°48'	270° 0'	302°12'	332° 6'
2	0 55	28 51	58 51	91 6	123 4	153 3	180 55	208 51	238 51	271 6	303 14	333 3
3	1 50	29 49	59 54	92 10	124 16	154 0	181 50	209 49	239 54	272 10	304 16	334 0
4	2 45	30 46	60 57	93 17	125 18	154 57	182 45	210 46	240 57	273 17	305 18	334 57
5	3 40	31 44	62 0	94 22	126 28	155 54	183 40	211 44	241 0	274 22	306 20	336 54
6	4 35	32 42	63 3	95 27	127 22	156 51	184 35	212 42	242 3	275 27	307 22	337 51
7	5 30	33 40	64 6	96 33	128 24	157 48	185 30	213 40	243 6	276 33	308 24	338 48
8	6 25	34 39	65 9	97 38	129 25	158 45	186 25	214 39	244 9	277 38	309 25	339 45
9	7 20	35 37	66 13	98 43	130 26	159 41	187 20	215 38	245 13	278 43	310 26	340 41
10	8 15	36 36	67 17	99 48	131 27	160 37	188 15	216 37	246 17	279 48	311 27	341 37
11	9 11	37 35	68 21	100 53	132 27	161 33	189 11	217 36	247 21	280 53	312 27	342 33
12	10 6	38 34	69 25	101 54	133 28	162 29	190 6	218 35	248 25	281 58	313 28	343 29
13	11 1	39 33	70 29	103 3	134 29	163 25	191 1	219 34	249 29	283 3	314 29	344 25
14	11 57	40 32	71 33	104 8	135 29	164 21	191 57	220 33	250 33	284 8	315 29	345 21
15	12 52	41 31	72 38	105 13	136 29	165 17	192 52	221 32	251 38	285 13	316 29	346 17
16	13 48	42 31	73 43	106 17	137 29	166 12	193 48	222 31	252 33	286 17	317 29	347 12
17	14 43	43 31	74 47	107 22	138 29	167 8	194 43	223 31	253 47	287 22	318 29	348 8
18	15 39	44 31	75 52	108 27	139 28	168 3	195 94	224 31	254 52	288 27	319 28	349 3
19	16 35	45 31	76 57	109 31	140 27	168 59	196 35	225 31	256 57	289 31	320 27	349 59
20	17 31	46 32	78 2	110 35	141 26	169 54	197 31	226 31	258 2	290 35	321 26	350 54
21	18 27	47 33	79 7	111 39	142 25	170 49	198 27	227 32	259 7	291 39	322 25	351 40
22	19 23	48 43	80 10	112 43	143 24	171 45	199 23	228 33	260 12	292 43	323 24	352 45
23	20 19	49 34	81 17	113 47	144 23	172 40	200 19	229 33	261 17	293 47	324 23	353 40
24	21 15	50 35	82 22	114 51	145 28	173 35	201 15	230 34	262 22	294 51	325 21	354 35
25	22 12	51 36	83 27	115 54	146 20	174 30	203 12	231 35	263 27	295 54	326 20	355 30
26	23 9	52 38	84 33	116 57	147 18	175 25	203 9	232 36	264 33	296 57	327 18	356 25
27	24 6	53 40	85 38	118 0	148 16	176 20	204 6	233 38	265 38	298 0	328 16	357 28
28	25 3	54 42	86 43	119 3	149 14	177 15	205 3	234 42	266 43	299 3	329 14	358 25
29	26 0	55 44	87 48	120 6	150 11	178 10	206 0	235 44	267 48	300 6	330 11	359 5
30	26 57	56 44	88 54	121 9	151 9	179 5	206 57	236 46	268 54	301 9	331 9	360 0

Un professeur allemand, fort connu et fort distingué, a retrouvé et remis en honneur un procédé, qui remonte à la plus haute antiquité égyptienne et, qu'avec de fort bonnes raisons à l'appui, il prétend égal, sinon supérieur, au procédé classique.

C'est celui que nous allons examiner dans le prochain chapitre.

CHAPITRE VII

Le Thème de Tôth ou Heptascope

SOMMAIRE

L'inscription de Tôth et les travaux de Johan Glaser — Origine et influence astrologique de la semaine — Procédés, tableaux et formules permettant, pour toute date donnée, d'obtenir le jour de la semaine — Le Maître du jour — Moyen d'obtenir le maître de l'heure — Système du Décan — Le Seigneur du Décan.

Le thème que nous allons étudier ici peut s'établir facilement, sans calculs compliqués et surtout sans recourir aux éphémérides, dont l'emploi est quelquefois délicat et incommode.

Les Allemands lui donnent le nom d'horoscope de Tôth, parce que l'on a retrouvé les formules qui le composent gravées dans la chambre funéraire d'un prêtre de second ordre, qui vivait sous la 4e Dynastie, portait ce nom, et avait, paraît-il, fait une grande fortune, en vendant à la foule des présages, dont la réalisation certaine émerveillait le peuple.

Le Docteur Johan Glaser, de Leipzig, astrologue et égyptologue, qui a traduit et interprété l'inscription de Tôth et qui fait de cet horoscope le pivot de son enseignement et de ses opérations, lui donne le nom d'heptascope — car il repose en partie sur le groupement sidéral des sept jours de la semaine.

Il comporte quatre éléments :

1° Le rapport entre le jour de la semaine et un astre déterminé qui donne :

Le Maître du jour.

2° Le rapport entre l'heure du jour et un astre déterminé qui donne :

Le Maître de l'heure.

3° La consultation du tableau des décans qui donne :

Le Maître du décan.

4° Le placement des trois astres sur le cercle zodiacal et l'interprétation des aspects.

L'origine astrologique de la semaine est certaine.

En premier lieu, le nombre des jours correspond à celui des planètes.

En outre, cette façon de compter le temps ne se trouve que chez les peuples qui s'adonnaient à l'astrologie; mais en revanche, elle se rencontre chez tous, même chez ceux qui ne pouvaient avoir aucun rapport avec les autres.

En effet, tandis que les Grecs se servaient de la décade, que les Romains désignaient les jours du mois par leur rapport avec les calendes, les nones, les ides, la semaine de sept jours a été adoptée de temps immémorial par les Hébreux, les Chaldéens, les Egyptiens, les Chinois, les Indiens, les Perses, les Péruviens.....

De très bonne heure, de longues et multiples expériences permirent de constater que chaque jour est soumis à l'influence prédominante d'un astre.

Ceci, remarquons-le, est du reste très vraisemblable au point de vue scientifique. Nous avons vu, en effet, que la lune agit vis-à-vis de la terre comme un puissant réflecteur, qui renvoie sur nous les forces astrales.

Or sa position par rapport à la terre et aux autres planètes, change chaque jour; quoi de plus naturel que d'admettre que, chaque jour, la combinaison des rayonnements dynamiques reflétés donne la prédominance à une influence astrale nouvelle.

Du reste un fait est indiscutable, qui s'appuie sur l'expérience des siècles.

Cette loi de rapport demeura d'abord le secret des initiés; bientôt elle fut communiquée à la foule et donna son nom aux jours de la semaine.

Les juifs cependant, de peur d'être accusés d'idolâtrie, n'avaient pas adopté cette terminologie; les chrétiens firent de même ; ce n'est que vers le IVe ou Ve siècle que les noms planétaires vinrent en usage, le dimanche cependant, jour du soleil, conserva son ancienne appellation dans les pays latins. (Il en est autrement en Angleterre — *sunday* — et en Allemagne — *sonntag*).

Pour trouver le *maître du jour*, il suffira donc de savoir quel jour de la semaine s'est produit la naissance ou l'incident à propos duquel on consulte.

Mais on n'a pas toujours ce renseignement, lorsqu'un événement, dont on connaît du reste la date, est un peu éloigné dans le passé ou dans l'avenir.

Voici une formule qui permettra de le trouver facilement.

Elle est basée sur l'emploi des tableaux suivants :

I

CHIFFRE INDICATEUR	JOURS	MAITRE DU JOUR
1	Soldi ou Dimanche	Soleil
2	Lundi	Lune
3	Mardi	Mars
4	Mercredi	Mercure
5	Jeudi	Jupiter
6	Vendredi	Vénus
7	Samedi	Saturne

II

NOMBRES A ADDITIONNER	DEUX DERNIERS CHIFFRES DU MILLESIME																	
0	+	06	+	17	23	28	34	+	45	51	56	62	+	73	79	84	90	+
1	01	07	12	18	+	29	35	40	46	+	57	63	68	74	+	85	91	96
2	02	+	13	19	24	30	+	41	47	52	58	+	69	75	80	86	+	97
3	03	08	14	+	25	31	36	42	+	53	59	64	70	+	81	87	92	98
4	+	09	15	20	26	+	37	43	48	54	+	65	71	76	82	+	93	99
5	04	10	+	21	27	32	38	+	49	55	60	66	+	77	83	88	94	+
6	05	11	16	22	+	33	39	44	50	+	61	67	72	78	+	89	95	+

III

CHIFFRES A ADDITIONNER	SIECLES			
0	Ier	VIIIe	XVe	XVIIIe
1	VIIe	XIVe		
2	VIe	XIIIe	XVIIe	
3	V^{e}	XIIe		
4	IVe	XIe	XXe	
5	IIIe	X^{e}	XIVe	
6	IIe	IXe	XVIe	

IV

MOIS	CHIFFRES A ADDITIONNER
Mars, Novembre....................	0
Février, Juin........................	1
Septembre, Décembre	2
Avril, Juillet	3
Octobre..............................	4
Janvier, Mai	5
Août	6

Soit maintenant une date quelconque, le 25 août 1905 par exemple; trouver le jour de la semaine auquel elle correspond.

Pour cela, je me reporte au tableau IV des mois, je note le chiffre inscrit à côté du mois d'août = ... 6

Je passe au tableau des siècles et en fais autant, pour le chiffre placé à côté du XXe = . 4

Enfin le millésime de l'année se terminant par les deux chiffres 05, la même opération au tableau II me donne........... 6

J'ajoute le quantième du mois......... 25

J'additionne..... 41

Je divise par 7, néglige le quotient de l'opération, pour ne m'occuper que du reste.

41 : 7 = 5 + un reste qui est 6.

Je reviens maintenant au tableau I, et en face du nombre 6, je trouve inscrit le jour cherché : Vendredi, dont le Seigneur est Vénus. (Tab. 1.)

***

Rien de plus logique que l'existence d'un astre, maître de l'heure.

La terre, effectuant sur elle-même un tour complet en 24 heures, offre successivement chacune de ses parties à l'influence sidérale, dont la combinaison va se traduire par la domination d'un astre spécial, qui ne sera le *maître*, pour chaque point donné du globe, qu'à un moment donné, caractérisé par l'heure.

On obtient ce *Seigneur*, à l'aide d'une formule empirique établie par de séculaires expériences. Johan Glaser en fournit une justification astronomique basée sur des raisonnements et des calculs ingénieux, mais qui ne trouveraient pas leur place dans un livre de science sans doute, mais élémentaire.

Elle consiste à écrire le nom des astres, dans l'ordre où ils régissent les jours, et à compter de 5 en 5 dans le tableau ainsi formé, à partir du maître du jour.

Pour plus de commodité, nous donnons les tableaux pour chaque jour de la semaine et chaque heure du jour. (*Voir page* 115.)

**

Nous avons dit dans un précédent chapitre, — et nous insisterons là-dessus plus loin, — que chaque constellation reflétait l'action d'une planète, même quand celle-ci était absente. Ptolémée et de nombreux auteurs à sa suite se sont efforcés d'en fournir une raison astronomique.

Nous ne les suivrons pas dans cette voie et nous nous bornerons à nous appuyer sur les résultats d'une expérience cinquante fois séculaire.

La même expérience a établi qu'elle subissait

HEURES		MAITRE DE L'HEURE						
		LUNDI	MARDI	MERCREDI	JEUDI	VENDREDI	SAMEDI	DIMANCHE
1		Lune	Mars	Mercure	Jupiter	Vénus	Saturne	Soleil
2		Saturne	Soleil	Lune	Mars	Mercure	Jupiter	Vénus
3		Jupiter	Vénus	Saturne	Soleil	Lune	Mars	Mercure
4		Mars	Mercure	Jupiter	Vénus	Saturne	Soleil	Lune
5		Soleil	Lune	Mars	Mercure	Jupiter	Vénus	Saturne
6	Soir	Vénus	Saturne	Soleil	Lune	Mars	Mercure	Jupiter
7		Mercure	Jupiter	Vénus	Saturne	Soleil	Lune	Mars
8		Lune	Mars	Mercure	Jupiter	Vénus	Saturne	Soleil
9		Saturne	Soleil	Lune	Mars	Mercure	Jupiter	Vénus
10		Jupiter	Vénus	Saturne	Soleil	Lune	Mars	Mercure
11		Mars	Mercure	Jupiter	Vénus	Saturne	Soleil	Lune
12		Soleil	Lune	Mars	Mercure	Jupiter	Vénus	Saturne
13		Vénus	Saturne	Soleil	Lune	Mars	Mercure	Jupiter
14		Mercure	Jupiter	Vénus	Saturne	Soleil	Lune	Mars
15		Lune	Mars	Mercure	Jupiter	Vénus	Saturne	Soleil
16		Saturne	Soleil	Lune	Mars	Mercure	Jupiter	Vénus
17		Jupiter	Vénus	Saturne	Soleil	Lune	Mars	Mercure
18	Matin	Mars	Mercure	Jupiter	Vénus	Saturne	Soleil	Lune
19		Soleil	Lune	Mars	Mercure	Jupiter	Vénus	Saturne
20		Vénus	Saturne	Soleil	Lune	Mars	Mercure	Jupiter
21		Mercure	Jupiter	Vénus	Saturne	Soleil	Lune	Mars
22		Lune	Mars	Mercure	Jupiter	Vénus	Saturne	Soleil
23		Saturne	Soleil	Lune	Mars	Mercure	Jupiter	Vénus
24		Jupiter	Vénus	Saturne	Soleil	Lune	Mars	Mercure

N. B. — *La journée astrologique va de midi à midi du lendemain, par conséquent les douze premières heures correspondent aux heures du soir, et pour les heures qui couramment se comptent de minuit à midi, il faut avancer la date d'un our : le 26 février 3 heures du matin, c'est le 25 février 15e heure.*

également des sous-influences successives. Pour les déterminer et les fixer, on a partagé chaque signe du zodiaque en trois *décans*.

Le signe du zodiaque est, nous le savons, le douzième de l'immense route que semble parcourir le soleil dans son apparente révolution annuelle ; mais, précisément à cause de cela, il est aussi une mesure de temps.

Il en sera de même du décan qui, dans l'espace représente dix degrés, et dans le temps dix jours environ.

Chaque décan, en même temps qu'il subit l'influence générale de la constellation, est sous l'influence particulière d'une planète.

Cette théorie remonte à l'ancienne Egypte.

Gœurres nous donne le tableau des décans égyptiens avec pour chacun d'eux, l'indication d'une divinité secondaire qui y préside.

Johan Glaser estime que ces divinités sont les noms, sous lesquels les prêtres égyptiens, qui entendaient conserver secrets les mystères de l'astrologie, déguisaient pour les profanes les aspects divers des planètes. Il en donne comme preuve que dans les inscriptions de Tôth, qui divulgua à la foule quelques secrets astrologiques, la table des décans figure avec les signes planétaires.

DECANS

		NOMS EGYPTIENS	PLANETES
Bélier	1.	Chontaré	Mars
	2.	Chontacré	Soleil
	3.	Seket	Vénus
Taureau	1.	Choris	Mercure
	2.	Ero	Lune
	3.	Rembouearé	Saturne
Gémeaux	1.	Theosolk	Jupiter
	2.	Oucré	Mars
	3.	Phuor	Soleil
Cancer	1.	Soltris	Vénus
	2.	Sith	Mercure
	3.	Chnoum	Lune
Lion	1.	Chachnoumen	Jupiter
	2.	Thepé	Mars
	3.	Phoupp	Soleil
Vierge	1.	Thomis	Soleil
	2.	Ouestricato	Vénus
	3.	Aphoso	Mercure
Balance	1.	Souchoe	Lune
	2.	Ptechout	Saturne
	3.	Chontaré	Jupiter
Scorpion	1.	Stochnené	Mars
	2.	Sesme	Soleil
	3.	Sieme	Vénus
Sagittaire	1.	Reouo	Mercure
	2.	Sisme	Lune
	3.	Choncaré	Saturne

Capricorne	1.	Smot	Jupiter
	2.	Sro	Mars
	3.	Ino	Soleil
Verseau	1.	Ptiaû	Vénus
	2.	Asen	Mercure
	3.	Ptelviou	Lune
Poissons	1.	Abiou	Saturne
	2.	Chontaré	Jupiter
	3.	Ptebiou	Mars

Il nous reste à mettre en service les divers éléments ainsi déterminés.

Soit en effet une naissance ou un événement se produisant, le 26 août 1905, à quatre heures 20 minutes du soir.

Je détermine d'abord par une première opération, le jour de la semaine, qui est un vendredi, ce qui me donne comme maître du jour *Vénus*.

Le tableau de la page 126 m'indique le maître de l'heure *Saturne*.

Enfin le 26 août fait partie du premier décan de la Vierge, dont le maître est le *Soleil*.

J'ai donc là un premier résultat que j'écris ainsi :

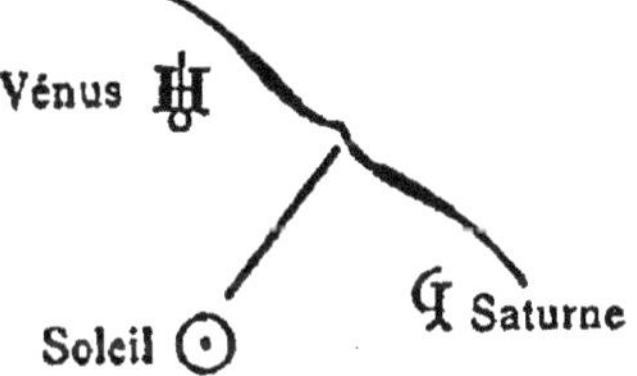

Il ne nous resterait plus maintenant qu'à placer

les planètes ainsi obtenues sur le zodiaque préalablement orienté.

Mais tout d'abord nous devons dire un mot d'une modification, que Johan Glaser propose de faire subir au thème de Thôt, en s'inspirant dans une certaine mesure, d'un autre procédé connu des Egyptiens, bien qu'ils n'en aient pas fait un usage habituel, et pratiqué de temps immémorial dans l'Inde et en Chine.

CHAPITRE VIII

Thèmes de Pré-Nativité.
Thème de Conception. — Thème du 7e mois.
Ternaire.

SOMMAIRE

Théorie des influences astrales pré-natales — Horoscope de conception — Horoscope de viabilité — Ternaire de Phuom-omri — Difficultés ordinaires d'établissement — Procédé hindou, vulgarisé par le professeur Glaser — Décan de conception — Seigneur de la conception — Décan de viabilité — Seigneur de la viabilité.

L'astrologie repose, nous le savons, sur le principe en vertu duquel les forces sidérales agissant dans des sens divers sur l'enfant, au moment précis de sa naissance, le pétrissent en quelque sorte, en lui imposant à la fois une empreinte physique et une empreinte morale, formant ainsi son caractère et déterminant sa destinée.

Nous avons fait observer que c'est là une idée simple, qui s'impose d'autant plus facilement à l'esprit, que nous pouvons en constater la vérité, à l'aide de phénomènes matériels qui tombent sous les sens.

Personne n'ignore que le flux mensuel que subit la femme est déterminé par l'action lunaire. C'est cette action, qui agite le sang de la future mère et lui donne une sorte de vie propre, c'est elle qui préside aux phases de la grossesse. Il est donc logique d'admettre qu'elle doit intervenir dans la formation matérielle et morale et dans la destinée de l'enfant.

Or, ce qui se passe pour la lune, doit évidemment se passer pour les planètes et les astres qui, plus éloignés sans doute, ont une masse et une force plus considérables.

Nous avons développé cette idée ailleurs et nous n'y insisterons pas.

Si l'on comprend fort bien que les influences sidérales s'exercent sur l'enfant, au moment précis de sa naissance, à l'instant où, avec son premier souffle, il aspire la vie, ne serait-il pas logique d'admettre qu'elles s'exercent aussi *avant*, et que c'est *avant*, qu'il faut aussi les déterminer par ce qu'on appelle le thème de pré-nativité.

L'expérience a prouvé l'exactitude de l'horoscope dressé au moment de la naissance ; aussi, il ne s'agit pas, bien entendu, de le remplacer, mais simplement de le préparer et de le compléter par l'horoscope pré-natal.

On peut dire, en effet, que la vie du frêle petit être qui sera l'homme, se forme en trois étapes successives.

1° La *conception*, par laquelle le germe vital se développe dans la graine humaine.

2° Le *septième* mois, moment où l'enfant, qui n'avait eu jusque là qu'une existence rattachée à la vie de la mère, acquiert une vie propre, puisqu'il peut naître viable.

3° L'instant de la naissance, quand l'enfant émet sa première aspiration et pousse son premier cri.

M. Glaser, se basant sur des inscriptions recueillies et traduites par lui, prétend que c'est un certain Phuom-Omri, prêtre d'Apis, sous la troisième dynastie, qui aurait imaginé d'établir un thème pour chacun de ces moments et de les fondre en un thème unique appelé *Ternaire*.

L'éminent professeur ajoute au surplus, que, dans un voyage qu'il a fait, sous un déguisement, aux principaux sanctuaires de l'Inde, il a vu le procédé employé et, des renseignements qu'il a recueillis, il résulte qu'il y était connu de temps immémorial.

Lui-même prétend, que dans les hypothèses

où la date de la conception et par suite celle du septième mois, lui étaient connues d'une façon précise, il en a fait l'essai et obtenu des résultats merveilleux.

Il nous a communiqué le ternaire de Louis XIV, dont, par suite de raisons historiques particulières, on connaît fort exactement la date de conception, et il nous a fait lire ainsi dans les astres l'histoire toute entière du monarque, avec une stupéfiante précision de détails.

L'emploi du procédé ne présente aucune difficulté.

Etant donnés les trois termes et les trois dates, on dresse les trois horoscopes séparément et par les opérations ordinaires; puis on les interprète, comme nous le verrons plus loin.

***

Remarquons tout de suite, sauf à y revenir plus tard, qu'indépendamment de ses avantages au point de vue de l'horoscope général, l'établissement du thème de conception, ou de *viabilité* présente une énorme utilité.

Si, en effet, on voit que dans cette période antérieure à la naissance, l'enfant est menacé par de mauvaises influences, on peut facilement les conjurer, à l'aide d'un des moyens que nous indiquerons dans la troisième partie de cette étude, et notamment, en transportant l'accouchement dans un endroit autre que celui de la conception, soumis à des influences astrales déterminées, et choisi dans des conditions et suivant des règles que la prudence et la Science indiqueront.

Mais, si dans quelques cas, où l'on a exceptionnellement les renseignements délicats relatifs à la conception, on peut employer ce procédé certainement séduisant par sa logique et son exactitude, il faut bien reconnaître que ce sont là des hypothèses exceptionnelles.

Aussi les prêtres hindous, et M. Glaser après eux, se servent-ils dans les cas ordinaires d'une méthode plus simple et que personnellement nous serions disposés à conseiller.

Ils remarquent, d'accord en cela avec les médecins, qu'étant donnée la date d'une naissance normale, celle de la conception se place neuf mois avant, avec une approximation de DIX JOURS. Du reste, même en cas d'accidents, les médecins peuvent à dix jours près, déterminer l'âge de la grossesse.

Dans ces conditions, si on ne connaît pas l'influence planétaire complète, on connaît au moins les seigneurs des décans de la naissance et de la conception, puisque la souveraineté de ceux-ci s'étend sur une période de dix jours.

***

Ces précisions faites, revenons à l'établissement de notre thème.

Rappelons que, pour la date du 26 août 1905, nous avons obtenu :

Seigneur du jour : Vénus.
Maître de l'heure : Saturne.
Seigneur du décan : Soleil.

***

Si la naissance se place le 26 août, la conception remonte 9 mois avant, soit au 26 novembre, ou tout au moins à la période de dix jours ou décan auquel cette date se rapporte.

En consultant la table des décans (P. 117), nous verrons que celui qui nous intéresse est le 1er décan du sagittaire, dont le maître est *Mercure*, qui est donc seigneur de la conception.

La date de viabilité ou du 7e mois est le 26 juin et le même procédé nous apprend, qu'elle est dans le 1er décan du Cancer, dont le maître est *Vénus*, qui est donc seigneur du 7e mois.

La combinaison que nous avons adoptée, nous fournit donc 5 indications astrales au lieu de 3.

Dans le prochain chapitre, nous apprendrons à les placer à la place qu'elles doivent occuper sur la zone zodiacale orientée.

CHAPITRE IX

Position des Planètes dans la roue Zodiacale Orientée

SOMMAIRE

Second exemple d'orientation du zodiaque — Règles de placement dans le thème de Tôth — Tableau de corrélation entre les heures et les signes du zodiaque.

Dans le thème classique, le placement des astres se fait sans aucune difficulté, conformément aux indications de « *La connaissances des temps* » et il n'y a aucune explication particulière à fournir à ce sujet.

Ceux de nos lecteurs, qui auront bien voulu construire le petit appareil que nous leur avons conseillé, pourront l'effectuer à l'aide d'épingles à tête de différentes couleurs ou de punaises de diverses formes et représentant conventionnellement les sept planètes.

Quelques précisions sont nécessaires à l'occasion du thème de Tôth, sur lequel du reste nous insisterons davantage, parce que c'est celui, qu'à cause de sa commodité, nous recommanderons particulièrement à nos lecteurs.

Il est bien entendu, qu'ici également, il faut commencer par orienter le zodiaque.

Nos lecteurs savent déjà comment il faut s'y prendre; cependant, comme cette opération, bien simple pourtant, constitue la seule difficulté d'un établissement d'horoscope, nous la recommencerons avec eux.

La date est le 26 août 1905.— Quatre heures 20′.

Nous négligeons l'année.

Nous avons observé, que l'orientation zodiacale, pour un même jour ou une même heure, est la même tous les ans.

Dans la méthode classique, nous savons que le thème se particularise par le placement des planètes, qui varie avec les années.

Dans le thème de Tôth, il se personnalise par l'intervention dans la combinaison du jour de la semaine, dont la correspondance avec une même date change annuellement.

La table zodiacale (P. 64) nous indique, que le 26 août est le 5e jour après l'entrée du soleil dans le signe de la *Vierge* et, par conséquent, correspond à 5° de ce signe.

Munis de ce renseignement, reportons-nous à la table des ascensions droites (P. 103).

Dans la colonne I, cherchons le 5e degré; suivons alors horizontalement jusqu'à la colonne de la *Vierge*, où nous trouvons le nombre suivant 155°54′, qui nous fournit le degré du cycle solaire.

Calculons l'ascension droite à l'aide de l'heure : 4 h. 20′ = 260 minutes.

Un degré vaut 4 minutes; par conséquent 260^m correspondent à 260 : 4 = 65°.

J'ajoute les degrés de l'année aux degrés du jour : 155°54 + 65° = 220°54′.

Je reviens à ma table; le long des colonnes, je cherche le nombre 220,54 ou celui qui s'en rapproche le plus, c'est 220°53′ dans le signe du *Scorpion* ; suivons alors horizontalement jusqu'à la colonne I, celle des degrés de signe, où nous lirons 14°.

L'*ascendant* ou la dixième maison solaire,

commence au 14° de scorpion. Je fais comme précédemment tourner fictivement et intérieurement le zodiaque dans le cercle des maisons solaires, et j'obtiens la figure de position suivante :

D'autre part, nos calculs antérieurs nous ont fourni cinq planètes :

Le seigneur du jour : Vénus.

Le maître de l'heure : Saturne.

Le seigneur du décan : Soleil.

Le seigneur du décan de la Conception : Mercure.

Le Seigneur du décan du 7e mois : Vénus.

Nous remarquons que parmi ces 5 planètes, il y en a une qui figure deux fois. La logique veut que nous tirions de là cette conséquence, que son influence est doublement indiquée.

D'autre part, nous verrons dans le chapitre suivant, que chacune des planètes a une action plus considérable, quand elle se trouve dans certaines constellations. On dit alors qu'elle y a son trône ou sa maison ; la première expression se rapportant aux naissances diurnes (de midi à minuit) et la seconde aux naissances nocturnes (de minuit à midi).

Si le lecteur ne saisit pas très bien ce passage, qu'il passe outre; il le comprendra mieux quand il aura lu le chapitre suivant.

Quoiqu'il en soit, et sous la réserve d'une justification postérieure, je dois placer Vénus dans le signe où il a son trône (je prends le trône puisque la naissance est diurne), c'est-à-dire dans le Taureau. Cette indication m'est fournie par le tableau spécial des localisations planétaires (P. 145).

J'ai soin d'ajouter à côté du nom de l'astre, un signe ` / pour indiquer le caractère prépondérant de son action; si Vénus avait figuré trois fois, le signe aurait été ⌊/, quatre,

***

Pour la position des autres planètes, il suffira d'observer les règles suivantes, fondées à la fois sur l'expérience et le raisonnement.

Le maître du jour se place au signe, qui se trouve en haut du cercle dans la dixième maison solaire, — quand il n'y a pas de raison pour le placer ailleurs.

Le maître de l'heure doit se trouver dans la constellation correspondante à cette heure.

Nous savons, en effet, que, comme conséquence de la corrélation entre le cercle zodiacal et une rotation de la terre, et par suite, entre les douze signes et les 24 heures, chaque constellation préside à un groupe deux heures, suivant le tableau que voici :

Tableau de corrélation des signes et des heures

Bélier.......	de 6 à 8 h. matin	Balance.....	de 6 à 8 h. soir
Taureau.....	de 8 à 10 h. matin	Scorpion.....	de 8 à 10 h. soir
Gémeaux....	de 10 h. à midi	Sagittaire ...	de 10 h. à minuit
Cancer......	de midi à 2 h. soir	Capricorne...	de minuit à 2 h. matin
Lion........	de 2 à 4 h. soir	Verseau	de 2 à 4 h. matin
Vierge.......	de 4 à 6 h. soir	Poissons.....	de 4 à 6 h. matin

Enfin, les seigneurs des décans iront naturellement dans la constellation à laquelle leur décan appartient.

De plus, lorsque le soleil ne figure pas parmi les astres obtenus, on l'ajoute à la liste et on le place au signe où il se trouve réellement.

Il ne nous reste maintenant qu'à appliquer ces principes et à continuer l'opération.

L'heure de l'horoscope (4 h. 20) est sous le signe des Poissons ; nous placerons le maître de l'heure, Saturne, dans cette constellation.

Le décan de la conception (26 nov.) fait partie du Sagittaire ; — c'est donc là que doit se trouver Mercure, qui en est le seigneur.

Le décan de la naissance est le 1er de la Vierge. Je pose le Soleil dans ce signe.

Notre thème est ainsi établi ; — il nous reste à l'interpréter.

Mais, avant d'aborder cette question, la plus intéressante et la plus délicate de toutes, il est nécessaire d'étudier deux théories importantes celles des aspects et des dignités.

CHAPITRE X

Théories préliminaires à l'interprétation d'un Horoscope

SOMMAIRE

Nécessité de séparer l'astrologie de la Kabbale et de l'Onomancie — La Théorie des aspects — *La conjonction* — *L'opposition* — *Le trine* — *Le carré* — *Le sextile* — La Théorie des dignités — *Trônes* — *Maisons* — *Exaltations* — *Chutes* — *Détriments.*

Avant d'aborder l'étude des divers éléments, qui entrent dans l'établissement d'un horoscope, nous devons en éliminer quelques-uns, dont on se sert quelquefois, mais auxquels nous ne croyons pas devoir recourir.

***

D'éminents astrologues s'efforcent de combiner dans leurs calculs les règles de la kabbale avec les données de l'astrologie.

Ainsi par exemple, ils font intervenir dans l'établissement de l'horoscope, les sept cercles fatidiques ou le Tarot hermétique.

Ou bien encore, ils comprennent dans leurs combinaisons des indications tirées des noms et prénoms du consultant.

Nous nous garderons de critiquer cette façon de faire.

La science du mystérieux est infinie ; nul ne saurait se vanter d'en avoir exploré tous les recoins et celui-là n'est ni un vrai sage, ni un véritable savant, qui repousse par *a priori* les affirmations d'hommes de bonne foi.

Tout est possible, et nous ne nions rien.

Nous admettrons même, qu'il peut n'être pas sans utilité, dans certaines circonstances, de rapprocher les résultats des calculs astrologiques de ceux fournis par les opérations d'autres sciences qui ont le même but.

Mais dans l'établissement d'un manuel scientifique, il ne saurait y avoir place pour de semblables combinaisons.

L'astrologie a des méthodes propres, des bases de démonstration, des procédés d'investigation, qui lui créent un domaine tout à fait distinct.

Les théories générales de la physique, de la géométrie céleste, de la mécanique et de l'astronomie nous démontrent d'une façon irréfutable que les astres exercent par leur masse une action toute puissante sur les divers phénomènes de la vie individuelle et sociale.

La lune, qui par son attraction soulève les océans, fait monter la sève dans le tissu des arbres, circuler le sang dans le corps des femmes fécondes, doit nécessairement continuer son influence sur le fœtus en formation et, par là modifier ses qualités et préparer son avenir. La même force lui permet d'agir sur les molécules cérébrales des hommes et, par là, de déterminer ces manifestations individuelles, de volonté, dont la résultante constitue la vie sociale, etc., etc.

On peut en dire autant pour tous les astres. Tout cela tombe sous les sens ; les plus savants l'admettent ; les plus ignorants le devinent.

Mais on conçoit moins facilement et, en tous cas, on démontre moins aisément que les noms et prénoms d'un individu, choisis dans les conditions que l'on sait, puissent contribuer à déterminer son avenir.

En tous cas, l'onomancie, ou science de divination par les noms ou prénoms, se distingue trop de l'astrologie, pour pouvoir se mêler à elle.

Nous comprenons cependant parfaitement la raison qui a amené certains astrologues à faire intervenir le nom dans l'établissement d'un horoscope.

On reproche en effet, assez fréquemment à celui-ci d'être impersonnel.

Tous les individus, dit-on, nés sous la même influence astrale devraient avoir la même destinée.

Ceci est vrai, mais avec de nombreuses précisions.

D'abord, l'influence varie d'une minute à une autre et d'un lieu à un autre ; par là, va se trouver bien restreint le nombre des personnes qui vont avoir le même horoscope.

Mais supposons deux enfants nés à la même minute, dans le même endroit.

Nous n'hésitons pas à affirmer qu'ils vont se trouver soumis à la même influence.

Est-ce à dire que leurs deux destinées vont être calquées l'une sur l'autre. Pas nécessairement, car l'action sidérale va se combiner avec d'autres forces, dont nous verrons plus loin le jeu.

Nous n'insistons pas sur cette question que nous examinerons plus utilement ailleurs.

Nous en avons assez dit, pour expliquer pourquoi nous ne croyons pas avoir besoin de faire intervenir le nom pour personnaliser l'horoscope.

Nous résisterons également à la tentation de recourir aux formules hermétiques commodes et amusantes, — si nous osons nous exprimer ainsi.

Nous nous renfermerons donc dans le domaine de la science pure.

Notre tâche et celle du lecteur seront plus arides, mais à défaut d'autres attraits, elles auront celui de la vérité et de la certitude.

***

Les deux éléments principaux, que nous utiliserons dans l'érection et l'interprétation de l'horoscope, sont les théories des *aspects* et des *dignités*.

Nous savons que les actions sidérales s'exercent sur la vie humaine par combinaison. Si je suis, par exemple, soumis à l'influence de Mercure, il est évident que les rayons dynamiques qui, de cette planète viennent à moi, vont heurter dans l'immensité céleste les rayons émis par d'autres astres et ne m'arriveront que modifiés en intensité et en qualité.

La science astronomique donne le nom d'*aspects* à ces situations respectives des astres entre eux.

Le nombre de ces aspects devrait être infini comme les rayonnements des planètes entre elles; mais l'expérience a montré qu'il ne faut s'arrêter qu'aux radiations qui se produisent dans le cercle de l'écliptique et ne tenir compte, que des rayons qui forment les côtés de figures régulières.

Il n'y a là rien qui ne soit en parfait accord avec les principes généraux de la géométrie, de la balistique et de la mécanique.

Les *aspects* principaux, c'est-à-dire, ceux, dont l'efficacité est caractéristique, sont au nombre de cinq.

La *conjonction* qui s'exprime ainsi +, est la situation de deux planètes, qui se trouvent dans le même signe et au même degré de l'écliptique en longitude.

L'opposition (∞) est constituée par la présence de deux astres directement opposés l'un à l'autre par le diamètre.

Ainsi un astre étant dans le dixième degré du signe du *Bélier*, son opposition sera dans le dixième degré du signe des *Balances*.

Voici du reste le tableau des oppositions :

Bélier	Balances.
Taureau	Scorpion.
Gémeaux	Sagittaire.
Cancer	Capricorne.
Lion	Verseau.
Vierge	Poissons.

Le trine (△) a pour rayon le côté d'un triangle

équilatéral inscrit dans le grand cercle de l'écliptique.

Ainsi, le *Soleil* étant au dixième degré du *Bélier*, son aspect *trine* à droite sera au dixième degré du *Lion* et son aspect *trine* à gauche au dixième degré du *Sagittaire.*

Jupiter, étant dans le *Taureau*, son trine dextre serait à la *Vierge* et son trine sénestre au *Capricorne.*

Le *carré* ou *quadrant* (□) a pour rayon, le côté d'un carré inscrit dans l'écliptique et formant un angle au centre de 90°.

Ainsi, le *Soleil* étant dans le vingtième degré du *Bélier*, son aspect carré à droite sera dans le vingtième degré du *Scorpion* et son aspect carré à gauche au 20e degré du *Capricorne.*

Le *sextile* (⚹) a pour rayon le côté d'un hexagone inscrit ; il est constitué par un angle au centre de 60 degrés.

Soit, le *Soleil* dans le dixième degré du *Bélier*, son aspect sextile à droite sera au dixième degré des *Gémeaux* et à gauche au dixième degré du *Verseau.*

L'effet et la qualité de chacun de ces aspects varient naturellement suivant leurs propriétés mécaniques et la nature des planètes.

La conjonction est naturellement un aspect extrêmement puissant, car les influences des deux astres conjoints se cumulent ; elle sera excellente avec les bonnes planètes, redoutable avec les mauvaises, mixte avec celles, qui sont tantôt l'un ou tantôt l'autre.

La conjonction du *Soleil* et de *Jupiter*, représentée par la formule ☉ + ♃, nous apparaîtra comme extrêmement favorable; elle dirigera en effet sur le consultant des influences cumulées, dont chacune est à un haut degré, bienfaisante.

D'une façon générale, elle signifiera la modération dans le triomphe ; le succès par la loyauté et le devoir ; la bonté dans le pouvoir.

Le signe ♃ + ☽ (*Jupiter* + *Lune*) sera encore bénéfique, quoiqu'avec un degré moindre et une moindre certitude. C'est encore ici *Jupiter* qui se conjugue avec la *Lune*. La première influence est toujours bonne, la seconde l'est aussi en général, mais peut quelquefois devenir dangereuse. *L'action jupitérienne* orientera *l'action lunaire* dans le sens le meilleur et nous aurons les qualités séduisantes de l'imagination dirigées, utilisées par la fermeté du bon sens, et le sentiment du devoir et de l'honneur.

La formule ♂ + ♄ (*Mars* + *Saturne*) sera en revanche, fort mauvaise. L'association des deux astres maléfiques que sont *Mars et Saturne* ne pourra avoir que des conséquences redoutables. Elle entraînera soit activement ou passivement le mal à la fois brutal et sournois.

Si un astre bienfaisant se conjugue avec un astre malfaisant, ce sera en général le bien qui l'emportera :

Ainsi ☉ + ♂ (*Soleil* + *Mars*) représentera le courage militaire, qui conduit à la victoire, au pouvoir et à la conquête.

♃ + ♂ (*Jupiter* + *Mars*); c'est la sagesse, la loyauté, et le devoir employant la force brutale, et, suivant les circonstances, ce signe présagera ou bien la lutte pour la défense de la patrie ou de l'honneur, ou bien encore, dans un autre ordre d'idées, l'opération chirurgicale salutaire.

La conjonction de deux astres douteux, tels que *Mercure et Vénus*, ☿ + ♀ donnera des résultats douteux; elle annoncera une destinée oscillante, à la merci des circonstances et qui pourra s'orienter également vers le bonheur et le bien, ou la souffrance et le mal.

Fréquemment, elle dénoncera une bienveillance exhubérante et banale, le désir excessif de plaire et de séduire, la facilité à promettre et à oublier ses promesses, des sentiments généreux mais fugitifs et changeants et qui se traduisent plutôt par l'éloquence du discours que par l'énergie de l'acte.

L'*opposition* et le *carré* sont toujours mauvais ; mais naturellement moins avec les mauvaises planètes qu'avec les bonnes.

Deux planètes malfaisantes, opposées ou quadrantes, produisent à peu près le même effet que ces mêmes planètes conjointes :

♂ ∞ ♄ = ♂ + ♄ = ♂ □ ♄

Deux bonnes planètes en opposition ou en quadrature, contrarieront mutuellement leurs effets favorables, qui ne disparaîtront peut-être pas tout à fait, mais seront fort diminués.

Les Egyptiens prétendaient que l'influence planétaire des astres favorables opposés se réduisait au septième. Nous trouvons, en effet, dans les inscriptions de Tôth une formule, qui peut se traduire ainsi :

♃ (Jupiter) ∞ (opposition) ou □ (carré) ☉ (Soleil) = (♃ | ☉) / 7

Une mauvaise planète opposée ou quadrante à une bonne l'emporte avec une légère atténuation.

Ainsi ♂ ∞/□ ♃ (*Mars — Jupiter*) sera un mauvais signe ; l'influence marsienne l'emportera, cependant le Marsien demeurera dans ces conditions accessible, même dans ses pires excès au sentiment de l'honneur. Il sera par exemple, violent, mais loyal.

Dans les mêmes conditions, un phénomène analogue se produira pour les planètes douteuses. Les éléments malfaisants l'emporteront au détriment des bons.

Le *trine* et le *sextile* reproduisent les effets de la conjonction avec une légère atténuation, soit en bien, soit en mal.

Les premiers astrologues de l'Inde, de l'Egypte et de la Chaldée, au cours d'observations indépendantes et qui, par suite, se contrôlaient mutuellement, ont obtenu des résultats, dont ils semblent d'abord s'être quelque peu étonnés.

Ils ont remarqué, en premier lieu, que certaines planètes faisaient sentir leur action particulière dans certaines constellations, alors qu'elles ne s'y trouvaient pas cependant.

Que, d'autre part, dans les constellations où elles étaient réellement, leur influence respective variait. Ici, elle était exaltée ; — là, diminuée ; — ailleurs enfin, les éléments favorables étaient entravés et les éléments funestes développés.

Ptolémée et divers auteurs à sa suite, ont cherché à cet état de choses une explication, mais ne l'ont pas trouvée ; — d'autres, impuissants à fournir une raison logique, se sont contentés de s'appuyer sur la seule expérience.

Nous comprenons très bien que ce phénomène ait pu embarrasser les anciens qui, en l'état de leurs connaissances, constataient l'effet des actions sidérales, sans pouvoir en démontrer scientifiquement l'existence et surtout en expliquer l'origine.

Mais, nous, qui avons basé la vérité astrologique sur la gravitation universelle, nous trouvons tout à fait naturel que les constellations, c'est-à-dire des groupes de mondes, dont beaucoup nous demeurent inconnus, puissent exercer sur la force, qui émane de chaque planète, une action qui, tantôt agit dans le même sens et l'exalte, — tantôt se développe en sens contraire et la paralyse, — tantôt se combine avec elle et la transforme.

Quoiqu'il en soit, les anciens ont présenté le phénomène sous une forme fictive, originale et commode.

Ils ont comparé les planètes à des personnages qui, dans les différents endroits qu'ils visitent, trouvent un accueil différent, exercent une influence variable, et parfois même n'en ont pas du tout, ou en ont une malfaisante.

On donne à ces divers états, le nom de *Dignités.*

Dans la constellation où chaque planète permane, on considère qu'elle est chez elle et on dit qu'elle a dignité de *maison* ou de *trône ;* la première expression s'appliquant de minuit à midi ; la seconde de midi à minuit.

Voici le tableau des localisations planétaires :

PLANETES	MAISONS OU TRONES	
Saturne...........	Capricorne	Poissons (1)
Jupiter...........	Sagittaire	Verseau (2)
Mars	Bélier	Scorpion
Vénus............	Taureau	Balances
Mercure...........	Gémeaux	Vierge
Soleil.............	Lion	
Lune	Cancer	

(1.-2.) Certains astrologues donnent à Jupiter les poissons, à Saturne le verseau ; à cause des rapports de similitude existant entre les actions planétaires et les actions zodiacales, nous croyons préférable d'adopter la classification de Tôth.

On dit qu'une planète a dignité d'*exaltation* dans la constellation où sa puissance en bien ou en mal se trouve surexcitée.

Tableau des exaltations

PLANETES	CONSTELLATIONS EXALTANTES
Saturne	Balances
Jupiter	Cancer
Mars	Capricorne
Soleil	Bélier
Vénus	Poissons
Mercure	Vierge
Lune	Taureau

Quand il est dans le signe opposé à son exaltation, l'action de l'astre se trouve déformée ; son influence bénéfique est diminuée, son action maléfique augmentée.

Les astrologues disent alors qu'il est en *chute*.

Tableau des Chutes

PLANETES	CONSTELLATIONS DE CHUTE
Saturne	Bélier
Jupiter	Capricorne
Mars	Cancer
Soleil	Balances
Vénus	Vierge
Mercure	Poissons
Lune	Scorpion

Une planète est dite *en détriment* ou en *exil*, quand elle est dans le signe opposé au trône ou à la maison; son action, en quelque sens qu'elle s'exerce, se trouve alors affaiblie.

Tableau des Détriments ou exils

PLANETES	DETRIMENTS OU EXILS	
Saturne	Cancer	Vierge (1)
Jupiter	Gémeaux	Lion (2)
Mars	Taureau	Balances
Vénus	Bélier	Scorpion
Mercure	Sagittaire	Poissons
Soleil	Verseau	
Lune	Capricorne	

(1.-2.) Même note qu'au tableau de domiciliation planétaire.

Il n'est pas besoin de faire observer à des lecteurs déjà avertis, que ces expressions de *maison* de *trône, d'exaltation, de chute* ou de *détriment* ne sont que des fictions traditionnelles, que nous conservons, parce qu'elles sont commodes, pittoresques et classiques, et, qu'au surplus, elles expriment fort exactement les modifications que les forces zodiacales font subir à l'action planétaire.

CHAPITRE XI

De l'interprétation du Thème

Sommaire

Deux méthodes d'interprétation : Méthode empirique — Méthode philosophique — Supériorité de la seconde — Précautions à prendre — Conseils à l'étudiant — Lecture du thème — Exercice préparatoire : Analyse des groupements planétaires.

L'interprétation du thème consiste à traduire l'aspect du ciel et à en déduire la destinée d'un homme ou l'orientation des événements.

Deux procédés peuvent être employés dans ce but.

L'un est purement mécanique. Il consiste à établir un tableau des différentes combinaisons astrales, qui peuvent se rencontrer dans un horoscope, à les grouper dans un classement méthodique et à en déterminer le sens à l'avance.

Puis, le thème une fois établi, on a recours à cette table pour l'interprétation de l'horoscope, comme on feuilleterait un dictionnaire pour l'élucidation d'un texte.

A première vue, cette façon de faire, paraît excellente.

Elle est commode et n'exige ni perspicacité extraordinaire, ni effort intellectuel soutenu.

En outre, précisément à cause de son caractère, elle met l'opérateur à l'abri de toute tentation de complaisance et de tout entraînement d'imagination.

Mais ces avantages, si tant est qu'ils soient réels, sont compensés par de graves inconvénients.

Tout d'abord, le nombre des combinaisons astrales est considérable ; quelques auteurs estimables et patients en ont traduit et classé un millier ; c'est beaucoup comme travail et cependant ils sont loin de compte. Si l'on voulait, en effet, énumérer tous les groupements différents et toutes les orientations des forces astrales, en tenant compte des aspects des dignités et des variations diverses, on arriverait à un total, qui dépasserait de beaucoup plusieurs centaines de mille.

Ce ne serait plus un tableau, mais un dictionnaire en plusieurs volumes, peu commode à consulter. Et puis qui se chargera de le dresser ?

Le résultat, ne serait pas du reste en rapport avec l'immensité de la tâche.

Ces traductions astrologiques dressées à l'avance, quels que soient leur nombre et leur amplitude de compréhension, ne sauraient embrasser les aspects innombrables et multiformes de la vie.

L'astrologie n'est pas un tourniquet à prédiction ; elle est la science qui combine la fatalité universelle à la conscience humaine ; elle est le lien qui relie la matière et ses forces avec la pensée et ses lumières.

Par un de ses aspects, elle est une branche de l'astronomie ; par l'autre, elle touche à la psychologie.

Il faut lui laisser ce caractère mixte et après que la science aura établi ses données avec une rigueur mathématique, il faudra faire intervenir l'intelligence pour les interpréter.

Mais n'est-il pas à craindre, si l'on donne la parole au raisonnement, que ce ne soit l'imagination qui parle à sa place ?

De même que nous croyons voir dans les nuages mille figures bizarres, création de notre cerveau, de même ne verrons-nous pas dans le livre céleste ce qu'il nous conviendra d'y voir, et tandis que nous croirons entendre la voix du destin, ne prêterons-nous pas une oreille complaisante à celle de l'intérêt, de la passion, des affections ou de la haine ?

Nous ne nions pas l'existence du danger : mais il n'est pas aussi grand qu'il peut tout d'abord le paraître, et il est possible de le conjurer.

Tout d'abord, il n'est pas inutile de rappeler, que celui, dont la main hardie soulève le voile, qui dérobe la destinée aux regards humains, — qu'il le fasse d'une façon habituelle ou par exception, pour la foule ou seulement pour lui-même et les siens ; qu'il soit un astrologue expert ou un étudiant timide, — celui-là doit avoir le sentiment de sa responsabilité et ne pas oublier qu'il exerce un sacerdoce.

Les maîtres d'autrefois, avant de consulter les astres ou de lire l'horoscope, avaient soin de s'y préparer par le recueillement et la contemplation céleste ; ils mettaient un intervalle de temps entre les actes courants de leur vie individuelle et les opérations astrologiques, — de façon à se préserver de toute préoccupation personnelle, qui eut pu troubler la sérénité de leur esprit.

Ceux qui avaient commis quelque faute, subi les atteintes de la souffrance ou du malheur, éprouvé quelque maladie, étaient déclarés impurs et devaient pendant un temps déterminé s'abstenir de toute recherche; — c'était parce qu'il était à craindre, que leur esprit troublé par une commotion physique ou morale n'eut perdu de sa puissance et de sa lucidité.

L'astrologue ne se mêlait pas à la vie du monde ; il vivait dans le fond des temples et des sanctuaires, abîmé dans la contemplation de l'infini.

Par là, sa pensée s'abstrayait des contingences, s'élevait au-dessus de l'humanité, se dégageait des intérêts terrestres qui l'alourdissent, des passions qui la troublent et son intelligence faillible se haussait jusqu'à se confondre avec l'*esprit infaillible.*

Il en est encore ainsi chez les astrologues de l'Inde.

C'est grâce à cette conception sévère du devoir scientifique, que l'homme a pu créer l'astrologie, — *science plus qu'humaine.*

Aujourd'hui, nous bénéficions de l'effort cinquante fois séculaire de nos devanciers ; nous sommes guidés par leur expérience, et les règles sages qu'ils nous ont laissées. Aussi notre tâche est plus facile et nous n'avons pas à nous astreindre aux précautions multiples, qui leur paraissaient alors nécessaires.

Cependant, il faudrait nous garder de procéder à la légère.

L'astrologie est une science sérieuse et il ne faut l'aborder que sérieusement.

Rien n'est plus dangereux que l'erreur en cette

matière et la vérité elle-même n'est pas sans inconvénients.

Ne tirez votre propre horoscope, que si vous êtes assez sûrs de votre courage pour envisager sans crainte l'avenir quel qu'il soit.

Ne dressez l'horoscope des autres, que lorsque vous serez assez sûrs de votre science pour ne plus redouter d'erreurs.

Soyez exacts dans les calculs, prudents dans l'interprétation.

Même quand vous aurez découvert la vérité, sachez ne la dire qu'avec précaution, — en tenant compte de l'état d'esprit, de l'intellectualité, de la nervosité du consultant, — et surtout de l'utilité, qu'il peut y avoir pour lui à *savoir*.

Si vous n'avez pas le droit de cacher la menace d'un malheur qui peut être évité, vous avez encore moins celui d'effrayer inutilement ou à tort.

En résumé, la science que vous allez acquérir *met entre vos mains un redoutable pouvoir;* — n'en faites usage qu'avec certitude et prudence.

Du reste, les règles que nous allons indiquer et qui jalonneront votre route rendront votre tâche plus facile.

L'interprétation d'un thème comprend deux parties :

La lecture ;
L'interprétation proprement dite.

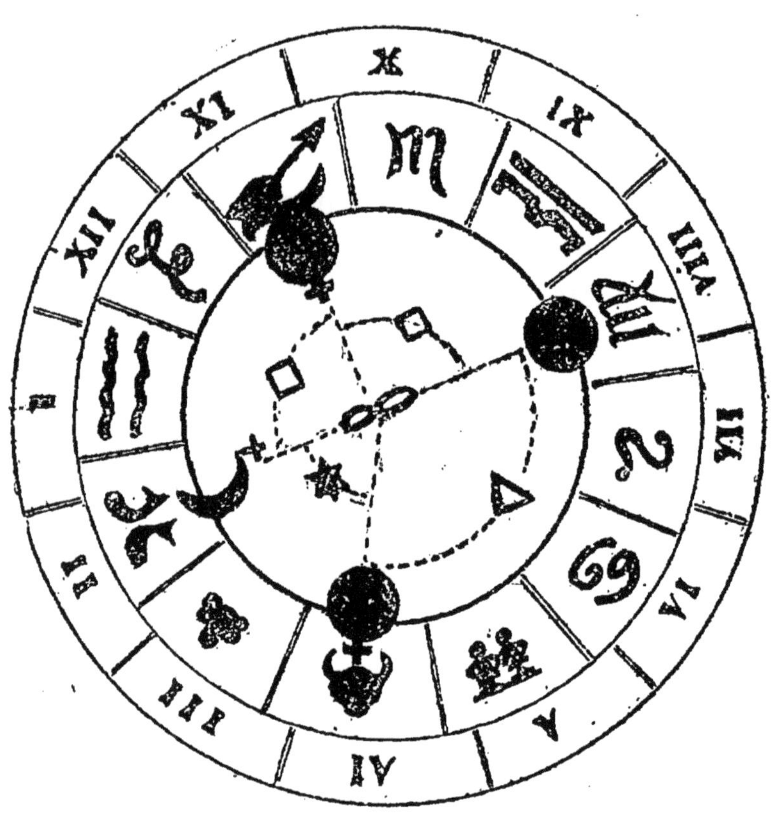

La lecture consiste simplement à dégager les différents groupements planétaires, qui figurent sur le thème, en tenant compte des *aspects et des dignités.*

Lorsque vous aurez acquis une certaine expérience, vous n'en ferez pas une opération particulière; vous lirez tout en interprétant.

Mais pour plus de clarté, nous procéderons en décomposant.

Remarquons que, dans le thème classique, et suivant les procédés les plus ordinaires, toutes les planètes se trouvent sur la figure. Dans le thème de Tôth, il n'y en a que six au plus et, par suite des doublements, quelquefois moins.

Cela entraîne quelque différence dans l'interprétation ; mais il n'y en a aucune dans la lecture.

Revenons à la figure du thème précédemment établi :

Relevons d'abord les aspects.

Il y en a trois mauvais.

I. — Saturne en opposition avec le soleil. ♄ ☍ ☉

L'influence saturnienne l'emporte avec une légère amélioration.

II. — Saturne en quadrant avec Mercure ♄ □ ☿.

L'influence de Mercure devient mauvaise et s'ajoute à celle de Saturne.

III. — Mercure, déjà en quadrant avec Saturne (☿ □ ☉), quadrant avec le Soleil, lui-même en opposition encore avec Saturne.

L'influence bénéfique du Soleil se trouve détruite, et l'action de Mercure, planète douteuse, est devenue maléfique et l'emporte.

En revanche, nous avons deux bons aspects :

I. — Vénus en trine avec le Soleil, dont malheureusement l'action est paralysée. ♀ △ ☉

II. — Vénus en Sextile avec Saturne. ♀ ✱ ♄

L'influence de Vénus a une tendance à l'emporter sur l'influence saturnienne.

N'oublions pas que l'action vénusienne s'exerce dans ce thème en double force.

Passons maintenant aux dignités.

Mercure est en *exil* dans le Sagittaire.

Saturne a son *trône* dans les Poissons. (Beaucoup d'astrologues le mettent cependant dans le Verseau).

Vénus a son *trône* dans le Taureau.

Etudions maintenant les groupements de maisons. Pour chacune des maisons de notre Thème, nous noterons la constellation correspondante et les planètes qui y sont placées, en tenant compte des *aspects* et des dignités.

Les résultats ainsi obtenus sont consignés au tableau suivant.

Maisons	Constellations	Planètes	Aspects et Dignités
I	Verseau	—	—
II	Poissons	Saturne	Trône. { ∞ Soleil ☉ ⚹ Vénus ♀ □ Mercure ☿
III	Bélier	—	—
IV	Taureau	Vénus	Trône { ⚹ Saturne ♄ △ Soleil ☉
V	Gémeaux	—	—
VI	Cancer	—	—
VII	Lion	—	—
VIII	Vierge	Soleil	∞ Saturne ♄ ⚹ Vénus ♀
IX	Balances	—	—
X	Scorpion	—	—
XI	Sagittaire	Mercure	△ Soleil ☉ Saturne ♄
XII	Capricorne	—	—

L'exercice auquel nous venons de nous livrer n'a qu'un but de démonstration ; il est a sa place dans un ouvrage de vulgarisation scientifique, mais serait sans utilité dans l'établissement normal d'un horoscope.

CHAPITRE XII

De l'interprétation d'un Horoscope (*Suite*).

SOMMAIRE

Interprétation des combinaisons entre chaque maison solaire, chaque signe du zodiaque et les planètes qui y sont placées — Interprétation des combinaisons interplanétaires — Particularités de l'horoscope de Tôth — Système des carences — Tableau d'interprétation des carences — La preuve de l'horoscope — Biologie astrologique

Il va de soi que, pendant qu'il va lire les pages qui suivent, le lecteur doit conserver sous les yeux la figure de thème érigée au précédent chapitre, en même temps que les tableaux d'analyse que nous en avons tirés, et les indications relatives à la signification des maisons (P. 96) au sens des constellations (P. 64) et des Planètes (P. 54 et s.).

Ceci dit, nous allons interpréter le tableau des maisons solaires.

Ire *Maison. — Verseau*

La première maison renseigne sur les forces vitales (V. tableau, p. 96), la vie physiologique; d'autre part le Verseau se rapporte aux relations sociales, surtout avec les personnes, dont nous dépendons (V. tableau, p. 64).

Je conclus de là, que la vie du sujet sera à un moment quelconque dominée, protégée, guidée, par une autorité supérieure, un patron, un protecteur.

Le présage est obscur; peut-être la suite de notre travail va-t-elle l'éclairer.

IIe *Maison — Poissons*

Saturne (Trône) en sextile avec Vénus, en quadrant avec Mercure.

La deuxième maison est celle des richesses (Tableau, p. 96). L'influence des Poissons est mauvaise ; elle provoque les catastrophes qui peuvent entraîner la ruine et la mort; d'autre part, Saturne est l'astre malfaisant par excellence. Il conseille les crimes lâches, le vol, le faux.

Le rapprochement de ces deux influences est sinistre.

Dans le sens actif, la combinaison peut annoncer que pour acquérir la fortune, le consultant commettra un acte coupable, qui entraînera sa perte.

Dans le sens passif, qu'il sera victime d'un vol, d'un faux, d'un abus de confiance qui le ruineront.

L'ensemble de l'horoscope nous permettra de choisir entre les deux solutions.

IIIe *Maison — Bélier*

La troisième maison est celle qui embrasse les rapports entre frères et sœurs ou collatéraux. — Le Bélier inspire la combativité, l'énergie, la force intelligente.

La combinaison signifiera donc, que le sujet de l'horoscope aura des querelles avec des frères, des sœurs ou des collatéraux et qu'il défendra énergiquement de justes droits.

IVe *Maison — Taureau — Vénus* ⊔ *en Sextile avec Saturne — en Trine avec le Soleil*

La quatrième maison est celle de la famille ; c'est le foyer, la vie intime ; — le Taureau, c'est le travail régulier, l'industrie persévérante. — Enfin Vénus c'est la bienveillance, l'affectuosité.

Cette planète nous apparaît ici dans un double aspect très favorable (Sextile et Trine) ; de plus, elle se trouve dans la constellation où elle a son trône ; son influence se traduira donc par un amour ardent et profond.

La combinaison annonce que le consultant travaillera avec énergie, pour la famille et la constitution du foyer et qu'il rencontrera là comme récompense une affection persévérante et passionnée.

Ve *Maison — Gémeaux*

C'est la maison des enfants, et les Gémeaux inspirent et annoncent l'amour des enfants.

VIe *Maison — Le Cancer*

La sixième maison renseigne sur la santé. — Le Cancer exerce une mauvaise influence sur la constitution physique, qu'il rend maladive.

VIIe *Maison — Le Lion*

C'est celle du mariage. Le signe du Lion inspire la générosité et la spontanéité des sentiments ; nous conclurons donc à un mariage d'amour.

VIIIe *Maison — Vierge*
Soleil en mauvais aspects
(Opposition Saturne; Quadrant-Mercure)

La huitième maison nous renseigne sur la mort, les luttes, les procès. — La Vierge représente l'épargne, les économies. — Le soleil qui, en bon aspect, annonce l'élévation, en mauvais, signifie chute d'une situation élevée.

Tout ceci nous permet de croire qu'un procès dépouillera le consultant de ses économies et lui fera perdre la situation sociale, qu'il occupe.

IXe *Maison — Balances*

C'est ici le domaine de l'intellectualité, des convictions, des ambitions sociales ; la Balance annonce la pondération, la loyauté et la justice dans les relations.

Nous traduirons donc : Esprit pondéré, sage et tolérant.

Xe *Maison — Scorpion*

La dixième maison correspond aux dignités, aux honneurs, à la considération sociale. — Le

Scorpion annonce, les luttes, les rixes, les procès, les duels, les guerres.

Si nous trouvions Mars dans l'horoscope, nous pourrions traduire par gloire ou grades acquis à la guerre.

Si d'autres indications n'indiquaient le bonheur conjugal, nous dirions : Divorce pour sauvegarder son honneur.

Il nous paraît plus exact d'écrire : Duel ou procès pour défendre sa réputation, ou réputation menacée par un procès.

XIe *Maison — Sagittaire*

Mercure en mauvais aspect,

(*Quadrant au Soleil et à Saturne*).

La 11e maison se rapporte aux amis, aux relations sociales. Le Sagittaire correspond à l'esprit de recherche et d'entreprise. Mercure, en son mauvais aspect, annonce les promesses séduisantes et non tenues, le verbiage qui éblouit, les manœuvres qui trompent.

Traduction : des amis faux, brillants et plus habiles qu'honnêtes, prennent le consultant à l'appât de leurs beaux discours et le déterminent à quelque entreprise décevante.

XIIe *Maison — Capricorne*

Celle-ci est la maison des ennemis. Le Capricorne correspond aux honneurs et à la considération, au crédit.

Cette combinaison annonce la jalousie d'ennemis provoquée par le succès.

Nous complèterons cette interprétation par quelques observations relatives aux rayonnements des Planètes entre elles.

Rappelons que nous avons :

Saturne dans le signe des Poissons et en *mauvais aspects* — (*opposition* avec le Soleil — *quadrant* avec Mercure).

Mercure en mauvais aspect. (*Quadrant* avec Saturne et avec le Soleil.)

Soleil en mauvais aspect. (*Opposé* à Saturne; *Quadrant* avec Mercure.)

Vénus (Trône) ♉ En double influence. — *En bons aspects.* (*Sextile* avec Saturne; *Trine* avec le Soleil.)

Un coup d'œil jeté sur ce tableau permet au lecteur le moins expérimenté de constater, que l'horoscope annonce la lutte de deux influences.

Saturne rend maléfique l'influence de Mercure, et ces deux astres mettent le Soleil en mauvais aspect.

Saturne, c'est le mal sournois subi ou commis; il peut signifier également la maladie, ou le crime; mais la complicité de Mercure qui représente le génie des affaires, l'éloquence employée à séduire précisent l'indication, et l'horoscope annonce que le sujet sera victime d'une escroquerie, à propos de quelque entreprise dans laquelle il sera frauduleusement jeté.

Ces deux planètes mettent le Soleil en mauvais aspect.

Nous venons de voir un peu plus haut, que le Soleil qui préside à l'élévation signifie dans cette situation *chute*.

Donc, la catastrophe criminelle entraînera la ruine.

Mais à côté de cette influence malfaisante nous voyons s'en exercer une bonne, celle de Vénus.

Cette planète correspond à l'affectuosité, à la bienveillance, aux désirs sensuels; en *mauvais aspect*, c'est le caprice; en *excellent aspect*, c'est l'*amour* et en double action c'est l'amour profond et durable.

Vénus cherche : à gauche, à influencer Saturne (par un sextile) pour empêcher la catastrophe ou en adoucir les conséquences ; à droite, elle rayonne sur Jupiter (par un trine) comme pour consoler les tristesses de la ruine.

Nous traduirons donc ainsi : « Les consolations « de l'amour, adoucissent le malheur. »

***

Dans l'horoscope de Tôth, que nous avons pris comme exemple, nous avons fait remarquer que certaines planètes ne paraissent pas dans la zone fatidique ; — *sont en carence.*

C'est parce que, par suite des interférences planétaires, elles n'exercent pas une influence directe et prépondérante sur la vie du sujet.

Cette situation est conforme à la réalité des choses. Nombreuses sont les personnes qui ne subissent Mars par exemple, ni en bon, ni en mauvais aspect, c'est-à-dire qui ne sont ni brutales, ni vaillantes, qui n'auront pas à subir d'opérations salutaires ou de blessures dangereuses.

Il en est de même pour les autres planètes.

Mais il ne faut pas oublier que, aussi bien que la présence, l'absence d'un astre a une signification, qu'il faut également traduire.

Chacun peut faire cette traduction ; mais pour faciliter le travail de nos lecteurs, nous allons dresser un tableau des carences et de leur interprétation.

Tableau des Carences

PLANETES EN CARENCE	SIGNIFICATION
Carence Saturnienne...	Le sujet ne subira pas de maladies graves; n'accomplira pas d'actes de malhonnêteté et n'en sera pas victime.
Carence Marsienne	Ni brutalité, ni courage; pas de blessures ou d'accidents graves; timidité; pas d'opérations chirurgicales.
Carence Jupitérienne...	Caractère sans énergie, sans fermeté, facile à entraîner.
Carence Vénusienne....	Tempérament froid; pas d'affectuosité; à l'abri des caprices et des entraînements des sens; ne ressentira, ni n'inspirera l'amour.
Carence Lunaire.......	A l'abri des écarts de l'imagination; ne sera ni rêveur, ni inventeur, ni poète, ni fou; bon sens vulgaire.
Carence Solienne......	Pas d'élévation sociale, ni danger de chute.
Carence Mercurienne...	Caractère lourd, silencieux; pas de qualités brillantes; pas d'éloquence; pas d'aptitude aux affaires; sera à l'abri des défauts qui entraînent les qualités; ne sera pas victime de tromperies.

*
* *

Dans le thème que nous examinons, trois planètes sont *en carence :*

La Lune — Jupiter — Mars.

Pour clore notre horoscope, nous n'avons qu'à transcrire les indications correspondantes, fournies par le tableau ci-dessus.

Carence lunaire. — Pas de qualité d'imagination. Bon sens vulgaire.

Carence jupitérienne. — Caractère sans fermeté, facile à entraîner.

Carence marsienne. — Ni brutalité, ni vaillance. Timidité.

Le lecteur, qui nous a suivis dans notre opération d'interprétation, a pu se convaincre de notre préoccupation d'exactitude.

Les traductions de chaque combinaison sont en concordance rigoureuse avec les renseignements inscrits aux divers tableaux constitués par la tradition et l'expérience, — et que nous avons antérieurement donnés.

Mais il a également pu remarquer que, tout en se conformant rigoureusement aux règles classiques, il est le plus souvent possible de donder à un groupement considéré isolément plusieurs interprétations.

Nous en avons rencontré et souligné divers exemples.

C'est ainsi, avons-nous vu, que Saturne en deuxième maison, en mauvais aspect et dans les Poissons, peut signifier que le sujet commettra, pour conquérir la richesse, un crime sournois comme un faux, une escroquerie et qu'il sera pris et condamné ; — Ou, au contraire, qu'il sera victime du même délit et ruiné par lui.

En pareil cas, le choix entre les différentes hypothèses n'est pas arbitraire, il est inspiré par le reste de l'horoscope.

C'est ainsi que dans notre cas, nous rencontrons en maison IV, et par conséquent au foyer, *Le Taureau*, c'est-à-dire le travail persévérant, et Vénus en bon aspect, c'est-à-dire l'amour noble.

Dans ces conditions la logique nous commande de choisir la deuxième solution.

Cette observation nous conduit à donner une dernière règle, celle qui nous servira à faire la *preuve de l'Horoscope*.

L'interprétation astrologique doit être logique.

L'existence humaine est en général *une ;* son évolution est déterminée suivant une formule. Nous avons proclamé et établi cette vérité dès les premières lignes de ce travail. De même l'horoscope, s'il est vrai, doit-être *un ;* il ne contient pas de contradictions : celles qu'il présente ne sont qu'apparentes et se concilieront un jour dans une finale harmonie.

A travers les renseignements multiples qu'il contient, nous devons voir s'esquisser l'existence du sujet.

Sans doute les contingences vitales, certaines circonstances externes que nous n'aurons pu saisir, pourront préciser les contours du dessin, mais nous devons entrevoir cependant la vie future dans son ensemble.

Jetez en effet, un coup d'œil sur les multiples renseignements que nous avons recueillis dans notre thème, et vous verrez s'en dégager une véritable et complète biographie astrologique. Ecrivons-la ensemble.

Notre héros apporte en naissant une santé fragile (Cancer en VIe maison).

Des personnes étrangères, des bienfaiteurs lui donnent des soins et permettent à sa constitution de se fortifier. (Verseau en première maison).

Il a des difficultés avec des frères ou des collatéraux, vraisemblablement pour un partage. (Bélier en troisième maison).

Mais s'il se sépare de sa famille naturelle, il

s'en crée une, et fait un mariage d'amour. (Lion en septième maison).

Il reconstitue ainsi son foyer, — aime sa femme et en est aimé ; il est laborieux, énergique, persévérant, et son bonheur semble assuré par cette formule : le travail récompensé par la fortune et l'amour profond et légitime. (Vénus en bon aspect et en double influence dans le Taureau et en quatrième maison).

Il a des enfants qu'il aime. (Gémeaux en cinquième maison).

La destinée s'annonce donc modeste, mais prospère.

Il possède du reste ce qu'il faut pour être heureux et vivre tranquille.

Son caractère est timide (Carence de Mars), tolérant et modéré. (Balance en neuvième maison).

Dépourvu des qualités brillantes de l'imagination, il a tout au moins un gros bon sens. (Carence lunaire).

Malheureusement, il manque de fermeté et d'énergie, il est enclin à se laisser entraîner. (Carence de Jupiter).

Parmi ses relations se trouve un de ces hommes brillants, qui séduisent au premier abord, causeur agréable, imagination vive; il a mille inventions nouvelles, mille projets qui doivent conduire à la fortune; notre homme se laisse éblouir et consent à s'intéresser à une entreprise financière ou industrielle. (Mercure en mauvais aspect dans le Sagittaire et en onzième maison).

Or, cet ami n'est qu'un chevalier d'industrie ; ses entreprises ne sont que des escroqueries, et le sujet se trouve ruiné (Saturne en mauvais aspect dans les Poissons et en deuxième maison).

Mais ce n'est pas seulement sa fortune qui est perdue ; sans doute le dupeur a trouvé moyen de compromettre sa dupe et la correctionnelle les guette tous les deux. Sa considération est menacée par un procès (Scorpion en dixième maison).

Des ennemis jaloux de ses succès et de la considération que la régularité de sa vie lui a acquise s'agitent et prennent leur revanche. (Capricorne en douzième maison).

Leurs manœuvres réussissent ; le procès tourne contre lui ; — c'est la perte de ce qu'il possède et qu'il a laborieusement amassé ; — c'est l'irrémédiable ruine. (Soleil en mauvais aspect par Saturne et Mercure, dans la Vierge et en huitième maison).

Mais l'affection de sa femme lui reste fidèle, (Vénus en double influence) par ses conseils, elle s'est efforcée d'éviter la catastrophe (Vénus sextile avec Saturne) ; par son amour, elle adoucit les tristesses de la ruine. (Vénus *trine* avec le Soleil en mauvais aspect).

Nous avons voulu donner un exemple de biographie astrologique.

C'est le couronnement de l'horoscope et la façon la plus complète et la plus frappante de le présenter.

On peut l'établir ainsi, lorsque le sujet est adulte, et lorsque les premiers incidents de sa vie viennent préciser les indications sidérales.

Mais, quand il s'agit d'un thème de nativité proprement dit, il serait imprudent et, surtout dangereux de procéder de cette manière. Nous ne devons chercher à prévoir l'avenir, que dans la mesure, où il est utile de le connaître.

Or, que faut-il pour un enfant qui naît : savoir d'une façon générale les influences qui le menacent, afin de pouvoir les conjurer; l'horoscope en son deuxième état suffira pour cela.

C'est lui qui permettra de diriger l'éducation, d'orienter la carrière de l'enfant, dans le sens qui convient.

Puis, plus tard, aux heures délicates, le sujet consultera l'horoscope conservé, pour prévoir les dangers qu'il a redouter et chercher le moyen d'y échapper, comme le navigateur perdu au milieu de l'Océan étudie les pronostics astronomiques, afin de prévoir la tempête, de diriger sa course, et d'éviter le naufrage.

CHAPITRE XIII

Exercices astrologiques

Du danger d'établir un horoscope sans être suffisamment expérimenté — Exemple de ce danger — Une histoire vraie — *Nécessité pous l'opérateur novice de se* faire la main, *en dressant et interprétant le thème de personnages historiques — Horoscope de Bonaparte — Horoscope de l'Empereur d'Allemagne.*

Nous avons quelquefois, au cours de cette étude, comparé et non sans raison, les astrologues à des médecins.

Or ceux-ci, avant de faire leurs opérations sur des êtres vivants, s'exercent sur des corps morts. Nous recommanderons à nos lecteurs de faire de même.

Nous leur avons fait observer, qu'il y avait quelques dangers à établir un horoscope à la légère et avant d'avoir acquis une expérience suffisante. Les erreurs, en pareil cas, peuvent avoir de fâcheuses conséquences, surtout à l'égard d'esprits faciles à impressionner.

A ce propos, il nous revient à l'esprit une anecdote, qu'il n'est pas inutile de raconter.

Un de nos amis avait eu, dans son voisinage immédiat et dans sa propre famille, des exemples tellement caractéristiques de la vérité des prédictions astrologiques, qu'il devait avoir en elles une foi absolue.

C'est dans ces conditions, qu'après un apprentissage insuffisant, il voulut tirer son propre horoscope et celui de sa femme.

Il le fit naturellement avec un soin extrême, mais aussi avec une attention un peu énervée.

Les résultats furent sinistres.

Spécialement la trahison de sa femme, celle d'un ami et un divorce apparaissaient annoncées avec une netteté, qui laissait d'autant moins de place au doute, que les thèmes de nativité des deux jeunes mariés concordaient absolument sur ce point.

Notre ami était un croyant ; il accepta la révélation sidérale avec confiance, mais sans résignation.

Il devint jaloux, soupçonneux; il rompit grossièrement avec ses amis, traita injurieusement sa femme. Bref, un être affectueux et aimable se transforma en une brute insupportable.

La brouille se mit dans le ménage ; les esprits s'aigrirent, chacun alla de son côté et le présage astrologique, invraisemblable au début, sembla sur le point de se réaliser.

Un jour, notre héros causait avec un de ses amis et naturellement il lui contait ses déboires.

« Ah ! s'écria-t-il, au lieu d'établir mon horoscope il y a six mois, c'est avant de me marier « que j'aurais dû le faire ; je serais resté garçon, « et tout ce qui m'arrive serait évité ».

— Tiens, vous avez vous-même calculé votre « thème ; — c'est bien dangereux pour un débutant « comme vous ; mais puisque vous m'avez pris « comme confident, allez jusqu'au bout et com- « muniquez-le moi », repartit son interlocuteur, qui était lui-même un astrologue expérimenté, doublé d'un fin psychologue.

— « Volontiers ; mais j'ai refait vingt fois ces « calculs et je suis sûr de ne pas m'être trompé.

— « On n'est jamais sûr de cela ; apportez-le tout de même. »

Bref, le mari va chercher le thème ; son ami l'examine et le contrôle.

L'interprétation lui paraît logique et le signe évident.

Cependant sur des points accessoires, il constate des indications, qui ne peuvent pas se rapporter au sujet.

Instantanément il refait les calculs de base, et l'erreur lui apparaît; elle était énorme, tellement énorme, qu'elle avait échappé à la vue de l'apprenti astrologue.

Il avait omis de faire la réduction des minutes en degrés. L'orientation du Zodiaque était fausse.

Tout était à refaire; on le refit!

L'infortuné mari renaît à la joie. Il raconte ses angoisses, ses tourments, ses soupçons, dont il comprend l'injustice.

Il appelle sa femme, confesse ce qui s'est passé, implore un pardon, qu'on ne lui refuse pas, et dans le Zodiaque conjugal réapparut la lune de miel.

Je n'ai pas vu l'horoscope rectifié, mais certainement il devait contenir un signe favorable en V^{e} maison, car quelques mois après, l'ami qui était intervenu si à point était appelé à jouer le rôle de parrain.

Mais les erreurs ne sont pas toujours corrigées à temps et les choses ne vont pas chaque fois aussi bien.

Aussi, devons-nous conseiller à nos lecteurs, avant de procéder à une opération sérieuse d'acquérir de l'expérience.

Le mieux serait de prendre quelques leçons

auprès d'un astrologue expérimenté ; comme cela n'est pas toujours possible, ils peuvent *se faire la main*, en établissant les horoscopes d'individus morts ou de personnages historiques.

Les erreurs qu'ils pourront commettre n'auront pas d'importance et leur seront aussitôt révélées.

Qu'ils n'oublient pas, en effet, ce principe : *L'opérateur peut se tromper, mais la science est infaillible.*

Si donc les résultats ne sont pas en harmonie avec la réalité des choses, c'est qu'ils ont commis quelque faute ; qu'ils recommencent jusqu'à ce que la concordance soit établie.

Par là, ils arriveront progressivement à joindre la pratique à la théorie ; ils acquerront la sûreté dans l'établissement du thème et l'intuition dans sa traduction.

Nous allons du reste en donner un exemple.

PREMIER EXERCICE :

HOROSCOPE RAISONNÉ DE BONAPARTE

(*Méthode de Tôth*)

Nous avons cru devoir mettre sous les yeux du lecteur, non seulement les conclusions de l'horoscope, mais encore le détail des opérations et des raisonnements, à l'aide desquels nous l'avons dressé.

D'abord, ils verront là un développement utile, et pratique des théories qui précèdent ; — ensuite ils pourront constater, que les merveilleux résultats que nous avons obtenus sont d'une sincérité absolue et ne constituent, que l'application rigoureuse des principes généraux.

Par là enfin, ils seront convaincus, s'il en était besoin encore, de la vérité de la science astrologique.

Napoléon Bonaparte

Date de naissance : 15 août 1769 à 3 h. ½ du soir.

Nous allons d'abord, d'après le système de Tôth, déterminer les planètes qui ont activement présidé au développement de l'existence de notre sujet.

Comme opération préalable, nous devons chercher à quel jour de la semaine correspond la date donnée.

Employons *le procédé indiqué p.* 109

Quantième du mois..........	15
Nombre de l'année..........	2
Nombre du siècle............	0
Nombre du mois............	6
	23

23 : 7 = 3 plus un reste qui est 2.

Ce dernier chiffre, reporté au tableau I de la page 109, m'indique le *Lundi.*

Le seigneur du jour est donc la *Lune.*

La clef de la page 113 nous apprend que le maître de la 4e heure est *Mars.*

Le 15 août fait partie du 3e décan du Lion. dont le seigneur est le *Soleil* (p. 115).

En remontant en arrière de neuf mois, nous arrivons au 15 octobre et au décan de la conception. qui est le troisième de la Balance et a pour maître *Jupiter* (p. 115).

De la même façon, nous obtenons le décan de viablité ou du 7e mois, qui est le 3e du Cancer, dont le seigneur est la *Lune.*

Les planètes influentes sont donc :

La Lune, en double influence.
Mars.
Le Soleil.
Jupiter.

Orientons maintenant le Zodiaque.

En me reportant au tableau de la page 64, je calcule facilement, que le 15 août correspond au 23e degré du signe du Lion.

Suivant la règle déjà indiquée, dans la colonne I du tableau des ascensions droites (P. 103), je cherche le chiffre 25 ; je suis horizontalement jusqu'à la colonne du Lion, où je trouve le nombre 146°20', qui nous donne le degré du cycle solaire annuel.

Je m'occupe ensuite des degrés correspondant à la hauteur solaire ou à la rotation de la Terre.

Trois heures et demie représentent 210 minutes ; pour obtenir les degrés, il nous suffira de diviser par 4, puisque un degré vaut 4 minutes.

$$210 : 4 = 52^o30'$$

⁂

Observons en passant que les degrés ne sont pas soumis au système décimal : Chacun se divise en 60 minutes (espace) ; chaque minute compte 60 secondes (espace) etc., etc.

Il faut tenir compte de ceci dans la réduction des minutes (temps) en degrés.

Ainsi dans la division ci-dessus, nous avions obtenu 52, plus un reste qui était 2 ; nous n'avons pas, suivant la méthode ordinaire, poussé aux décimales en ajoutant un zéro ; mais nous avons raisonné ainsi : Les deux minutes qui nous restent valent un demi-degré, c'est-à-dire 30 minutes (espace) et nous avons écrit à la droite du quotient 30'.

***

J'ajoute les degrés de la rotation aux degrés du cycle annuel :

$$146^{\circ}20' + 52^{\circ}30' = 198^{\circ}50'.$$

Nous reportant alors à la table des ascensions droites, nous cherchons dans les colonnes ce nombre 198°50', ou celui qui s'en rapproche le plus, et qui se trouve être 198°27 dans la colonne de la Balance; nous suivons horizontalement à gauche jusqu'au chiffre des degrés = 21.

La dixième maison solaire commence au 21° du signe de la Balance.

Le thème se trouve constitué conformément à la figure ci-contre.

Figure horoscopique de Bonaparte
suivant la méthode de Tôth

Nous y remarquons trois aspects.

Rappelons que l'aspect de deux planètes est constitué par la façon dont les rayons se joignent en intervenant sur le sujet.

Par application d'un principe de mécanique courante, nous avons déjà vu que les variations de l'angle de jonction peuvent déterminer des variations, tantôt avantageuses et tantôt défavorables dans l'action planétaire (V. chapitre XI).

L'aspect se caractérise quelquefois par la ligne qui joint les deux planètes et forme soit le côté d'une figure régulière: triangle, carré, hexagone (Trine, quadrant, sextile), soit un diamètre du cercle (Opposition).

Quelquefois aussi, on considère l'angle que font les rayons visuels respectivement dirigés vers chacune des deux planètes examinées.

Comme l'observateur est placé sur la Terre, au centre du Zodiaque, ces angles sont ceux, qu'en géométrie, on appelle : *angles au centre.*

Le *trine* est l'angle de 120°.

Le *quadrant* est l'angle de 90°.

Le *sextile* est l'angle de 60°.

Plus simplement encore : On dit que deux planètes sont en *opposition* lorsqu'entre les deux signes où elles sont placées, se trouvent cinq autres signes ;

En *trine*, lorsqu'il y en a trois ;

En *quadrant*, lorsqu'il y en a deux ;

En *sextile*, lorsqu'il n'y en a qu'un.

Il y a *conjonction*, lorsque deux astres sont dans la même constellation.

Pour la signification de ces aspects, il suffira de se reporter au chapitre X.

***

Il y a donc sur notre figure :

Un *quadrant* (acb) entre *Jupiter* et la *Lune*;

Un *sextile* (a c a) entre *Jupiter* d'une part et *Mars* et le *Soleil* de l'autre ;

Une conjonction de *Mars* et du *Soleil ;*

En outre la *Lune*, que nous avons rencontrée deux fois, est dite en *double influence.*

L'interprétation du thème, nous le savons, se décompose en trois opérations :

L'interprétation générale des planètes et des combinaisons planétaires ;

L'interprétation des carences ;

L'interprétation des combinaisons de maisons.

Interprétation des combinaisons planétaires. — La conjonction de Mars et du Soleil est significative ; ces deux planètes sont en bon aspect (sextile avec Jupiter. Le sextile est toujours favorable) ; elles sont placées dans le signe du Lion.

Mars est la planète de la violence, de la Guerre, de la force brutale, du courage physique. (Voir p. 57) ;

Soleil est celle des élévations, de la gloire, de la puissance (p. 53) ;

Le Lion exprime la force de la passion, en même temps que celle de l'esprit (p. 64);

La traduction est facile : Elévation glorieuse par la victoire, la guerre, l'ambition persévérante et constante.

***

Jupiter est la planète favorable par excellence, son action s'exerce dans le sens de la justice du droit et de l'honneur ; elle préside aux traités équitables, aux justes lois (p. 54).

Le signe de *la Balance*, où elle se trouve ne peut que confirmer cette heureuse action, puisqu'il incite à la sociabilité, à la sagesse et à la loyauté dans les contrats (p. 64).

Malheureusement, l'astre est en mauvais aspect (Quadrant avec la Lune) : *L'influence lunaire va changer et transformer le présage.*

***

La *Lune*, en effet, (V. p. 55) développe les facultés imaginatives ; en mauvais aspect (Quadrant avec Jupiter) elle crée la rêverie exaltée jusqu'à la maladie, les ambitions démesurées et folles, les caprices, les changements.

Cette tendance, confirmée par le signe du Cancer (p. 64) sera extrêmement puissante, car l'astre se place dans la constellation même où il a son trône, et il est en double influence.

Son action va donc compromettre celle de Jupiter, avec qui il est *quadrant*, et le double signe pourra se traduire ainsi :

Rêves d'ambition folle, qui vont troubler l'esprit de justice et de droit, amener la rupture des traités et des contrats.

Interprétation des Carences.

La carence de *Mercure* fait supposer un médiocre souci de l'éloquence, peu d'aptitude aux procédés de séduction ordinaires, le dédain des avocats et des hommes d'affaires.

Le carence de *Vénus* annonce l'homme, qui n'attache que peu d'importance aux joies passionnelles, qui n'inspirera et ne ressentira pas de grand amour.

Le carence de *Saturne* met le sujet à l'abri des maladies, des complots, des ruines et des malheurs immérités.

En effet Bonaparte fut rarement malade, les complots dirigés contre lui échouèrent toujours.

Mais dira-t-on, l'île d'Elbe, Waterloo, Ste-Hélène, tout cela ne constitue-t-il pas d'épouvantes catastrophes.

Sans doute, si l'on considère Napoléon à l'apogée de sa puissance et de sa gloire.

Mais notre horoscope se place au moment où, dans une maison et une famille presque pauvres, naît un enfant, auquel les contingences ordinaires de la vie ne semblent promettre qu'une existence médiocre et inconnue.

Hé bien, à ce moment, et avec ce terme de comparaison, ne peut-on pas dire, que l'exil confortable et glorieux de Ste-Hélène n'apparaît pas comme une catastrophe et que la fortune que conserve l'exilé n'est pas une ruine.

Interprétation des Maisons.

Maison I. — *Le Capricorne.*

Cette maison renseigne sur la vie physiologique les forces vitales.

Le signe du Capricorne, avons-nous dit (p. 64) prédispose à la poursuite et à l'obtention des dignités, des honneurs et de la gloire.

La combinaison se traduit ainsi : Organisation physique combinée pour faciliter le développement des ambitions du sujet.

Ceci concorde parfaitement avec ce que l'histoire et l'anecdote nous rapportent de la résistance physique de Bonaparte, que ses nombreuses campagnes n'ont pas lassé, qui passait de longues heures à cheval sans fatigue, et ne se laissa jamais amollir par les séductions du luxe et de la pompe impériale.

Il dormait peu et la légende raconte, qu'il jouissait de la faculté rare de s'endormir, dès qu'il le voulait et de se réveiller à la minute précise fixée par lui.

Maison II. — Le Verseau.

Ici il s'agit des richesses ;—et à la page 64, nous avons dit que ce signe donnait l'espérance d'emplois avantageux.

Sans doute, si nous la rapprochons de la situation que nous envisageons, l'expression est vulgaire ; mais il est certain, qu'en se plaçant au point de vue de la fortune, il n'existe pas beaucoup de positions plus avantageuses, que le trône impérial et le pouvoir absolu.

Maison III. — Les Poissons.

Les Poissons apportent les catastrophes, les ruines, la trahison (p. 64) et ce signe placé dans cette maison III, qui est celle de la famille et des collatéraux, évoque avec vérité les difficultés, les ingratitudes et les jalousies, que Napoléon eut à subir de la part de ses frères et beaux-frères, qu'il avait comblés de bienfaits et élevés au trône.

Maison IV. — Bélier.

La quatrième maison renseigne sur la vie privée, les parents, le foyer. Le signe du Bélier annonce la volonté énergique et impérieuse (p.64). Bonaparte, en effet, fut suivant l'expression vulgaire, *maître chez lui ;* il nous apparaît comme un despote domestique, et, s'il combla de biens ses parents, il resta pour eux un maître généreux, mais qui voulait être obéi.

Maison V. — Le Taureau.

Cette maison est celle du cœur, de l'affectivité et surtout des enfants.

Le Taureau caractérise la persévérance (p. 64), l'effort continu.

La combinaison peut se traduire par le désir persévérant d'avoir une postérité, pour lui transmettre la situation acquise.

A partir du moment où dans ses rêves, Napoléon put entrevoir la couronne à portée de sa main, la préoccupation qui domina sa vie et sa politique fut d'avoir un héritier. C'est elle qui l'amena au divorce et dicta sa politique avec l'Autriche.

Maison VI. — Les Gémeaux.

C'est dans la sixième maison, que se place tout ce qui touche à la santé et, d'une façon plus générale, au bonheur de l'individu.

Les Gémeaux symbolisent l'unité, l'union persistante, l'affection fidèle entre le sujet et ceux qui sont au-dessous de lui, enfants, serviteurs, etc., etc.

Plusieurs interprétations se présentent pour ce groupement; la plus logique est celle qui se rapporte à l'affection passionnée, qu'eurent pour Bonaparte ses soldats, ses grognards dont le dévouement et la fidélité assurèrent son bonheur, — c'est-à-dire ses succès.

Maison VII

Le Cancer — La Lune en mauvais aspect.

(Quadrant avec Jupiter)

Cette maison nous renseigne sur le mariage, les contrats, les conventions sociales.

Le Cancer (p. 64) annonce le recul, le changement.

La Lune en mauvais aspect est la source des rêves de grandeur, de l'imagination déréglée des ambitions insatiables, des changements.

La traduction de la combinaison vient d'elle-même à l'esprit.

L'ambition inassouvie amène Napoléon à rompre les traités et à recommencer sans cesse la guerre.

C'est elle qui le fait divorcer, d'avec Joséphine, pour épouser Marie-Louise.

Maison VIII

Le Lion — Soleil et Mars conjoints.

Cette maison est la plus caractéristique de l'horoscope.

C'est celle de la mort, des deuils et de la guerre. De combien de guerres, de deuils, et de morts, le Destin avait-il placé le germe dans le frêle berceau de cet enfant, qui naissait d'une famille obscure, perdue dans une petite île à demi sauvage et presque inconnue.

La constellation du Lion : c'est la force.

Mars en bon aspect, c'est encore la force, le courage physique, la gloire sanglante.

Le Soleil en bon aspect, c'est le pouvoir, l'élévation.

Nous n'avons rien à ajouter, c'est l'histoire qui fournit elle-même l'explication.

Notre imagination voit défiler le long cortège des victoires : Arcole, les Pyramides, Austerlitz, Iéna.

Elle voit les champs de bataille couverts de sang ; elle entend les longs gémissements des mères.

Elle assiste à la merveilleuse élévation de cette puissance formidable et fragile, née de la force et de la guerre.

Et notre raison admire une fois de plus la science mystérieuse, qui nous fait lire dans l'infini des cieux et enferme dans le cercle d'un horoscope une page de notre histoire.

Maison IX. — La Vierge.

Cette maison nous renseigne sur les dispositions intellectuelles.

La Vierge représente l'aptitude à l'administration (p. 64).

La combinaison indique un esprit organisateur et peu d'hommes méritèrent cette qualification, au même degré que Bonaparte.

Maison X. — La Balance.

Jupiter mauvais aspect. — Quadrant avec la Lune.

C'est là la culmination de l'horoscope, le siège de la vie publique du sujet.

C'est la maison de la considération sociale, des dignités, des honneurs et de la gloire.

La Balance symbolise l'équilibre des facultés, la modération, la sagesse (p. 64).

L'influence de Jupiter se traduit, avons-nous déjà dit, par l'amour énergique de la justice, la fermeté mise au service du droit ; c'est elle qui inspire les contrats et les traités loyaux, les lois sages.

Malheureusement l'astre nous apparaît ici en mauvais aspect et le présage heureux est renversé par l'action maléfique de la Lune (en quadrant).

Aussi dans ce groupement, lirons-nous ceci :

Le sujet s'élèvera au faîte des honneurs ; le sentiment du devoir, l'amour du droit, la loyauté dans les traités, la modération dans le pouvoir, eussent pu le rendre digne de sa haute situation; mais la mauvaise influence de la Lune, exaltant en lui une ambition démesurée et folle a paralysé l'exercice de ses qualités et les a remplacées par les défauts correspondants.

Maison XI. — Amis.

C'est ici que nous apprenons la place que les amis tiennent dans la vie du sujet.

Le *Scorpion* annonce la haine, la jalousie, la trahison (p. 64).

Nous en conclurons donc, que le sujet sera en butte à des difficultés provenant de la jalousie de ses amis, soit les uns par rapport aux autres, soit vis-à-vis de lui, et qu'il aura à souffrir de leur trahison.

Les rivalités des maréchaux de l'empire, leur mauvaise volonté qui amena ou tout au moins précipita la catastrophe finale, et l'attitude de quelques uns d'entre eux ont réalisé ce présage.

Maison XII. — Le Sagittaire.

Cette maison renseigne sur les ennemis; le Sagittaire symbolise l'ardeur dans la poursuite(p. 64). Le sujet aura donc des ennemis acharnés, qu'il poursuivra lui-même avec acharnement.

Cette formule n'annonce-t-elle pas, la lutte sans merci avec l'Angleterre, l'Europe coalisée, etc., etc.

Nous ne tirerons pas de conclusion générale des indications qui précèdent ; nous laisserons à nos lecteurs le soin de le faire.

Nous nous bornerons à constater, qu'à l'heure où Bonaparte naissait, sa destinée était bien tracée dans le ciel, et que l'infaillible science l'a lue en des termes à peu près semblables à ceux qu'a employés l'impartiale histoire.

DEUXIEME EXERCICE

Horoscope raisonné de Guillaume II.

Après avoir établi l'horoscope d'un personnage, qui appartient à l'histoire du passé, nous allons nous attaquer à l'histoire du présent et ériger le thème de nativité de Guillaume II.

De toutes les destinées et de tous les caractères

humains, c'est bien certainement la destinée et le caractère, qui intéressent le plus l'avenir de la France et la paix du monde.

Cet horoscope n'est établi, qu'à titre de curiosité et d'exemple, aussi pour ne pas compliquer la situation et ne pas troubler nos lecteurs, nous n'avons pas tenu compte des différences des latitudes et n'avons pas fait les corrections scientifiquement nécessaires.

Le changement du reste n'eut pas apporté à l'horoscope de modification sérieuse.

Date de naissance : 27 *janvier* 1859, 1 *h.* 30′ s. *Heure de Berlin.*

Nous allons procéder comme précédemment en cherchant tout d'abord le jour de la semaine.

Nous n'entrerons pas dans le détail du calcul, que nous avons fait deux fois avec nos lecteurs, mais comme preuve de la sincérité du thème, nous indiquerons les opérations.

Quantième	27
Nombre du mois	5
Nombre du siècle	5
Nombre du millésime	3
	40

40 : 7 = 5 + un reste qui est 5
5 = Jeudi.

Le maître du jour est Jupiter.

Le maître de l'heure est Mars (V. tabl. p. 113). Le 27 janvier correspond au premier décan du Verseau, dont le seigneur est Vénus.

Dans ces conditions, le décan du 7e mois sera le 1er du Sagittaire, dont le seigneur est Mercure.

Le décan de la conception sera le premier du Taureau, dont le seigneur est encore Mercure.

Conformément à une règle déjà donnée, mais dont nous n'avons pas encore eu à faire application, le Soleil ne figurant pas dans l'horoscope, nous l'ajouterons à la liste des astres influents.

Orientation du Zodiaque.

La date du 27 janvier 1 h. ½ du soir correspond au 7e degré du Verseau (V. p. 64).

Je consulte comme précédemment la table des ascensions droites où je prends le septième nombre de la colonne du Verseau, soit 308°21′.

Je transforme l'heure en degrés.

1 h. ½ = 90 m. = 90 : 4 = 22°30′.

J'ajoute les deux nombres de degrés

308°24′ + 22°30′ = 330°54′.

Je cherche dans la table des ascensions le nombre ainsi obtenu ou celui qui s'en rapproche le plus. Je trouve 330°11′, au 29° du Verseau. C'est donc là le point, où commence la 10° maison solaire.

Nous remarquerons que ce point est constitué

par l'avant-dernier degré du signe; par conséquent, sur la roue zodiacale, la maison X, correspond en réalité et, à un degré près, au signe des Poissons.

Je place le Zodiaque en conséquence, et j'obtiens ainsi la figure ci-contre.

Figure horoscopique de Guillaume II

Date de naissance : 27 janvier 1859, 1 h. 1/2 du soir

Position des Planètes.

Pour placer les planètes, nous appliquerons simplement les règles fournies p. 129 et suiv.

C'est ainsi que Mercure figurant deux fois à l'horoscope, c'est-à-dire apparaissant en double influence, devra être placé dans la Vierge, où il a son trône.

Vénus ira dans le Verseau ;

Mars, maître de l'heure, dans le Cancer ;

Jupiter, au Zénith et dans les Poissons ;

Le Soleil également dans le Verseau.

Détermination des Aspects.

Mars et Vénus conjoints. — Aspect douteux.

Jupiter opposé à Mercure. — Mauvais aspect.

Mercure opposé à Saturne. — Mauvais aspect.

Mars en sextile avec Mercure. — Bon aspect.

Mars en trine avec Jupiter. — Bon aspect.

Interprétation des combinaisons planétaires

La conjonction, c'est-à-dire l'aspect dans lequel le Soleil et Vénus unissent leurs influences parallèles, peut se traduire ainsi :

Une puissance qui a le désir de plaire ; c'est-à-dire le besoin des applaudissements et de l'admiration publique, l'amour de l'éclat extérieur qui éblouit la foule, les attentions flatteuses à l'aide desquels on cherche à séduire les inférieurs.

Cette indication astrale ne traduit-elle pas parfaitement le caractère du monarque allemand.

JUPITER, c'est la loyauté, l'amour de la justice et du droit, mais il est en mauvais aspect et gâté par l'opposition de Mercure qui va renverser les qualités de la bonne planète.

Mercure en mauvais aspect, c'est la tendance au verbiage, l'inquiétude d'esprit qui détermine le sujet qui se croit apte à tout, à se mêler de tout.

Enfin, Mars en bon aspect annonce le courage,

Interprétation des carences.

La carence de *Saturne* promet une vie heureuse, qui ne sera pas troublée par des catastrophes ou des complots.

La carence de la *Lune*, étonne un peu chez l'empereur fantaisiste qu'est Guillaume. Il faut cependant en conclure, qu'il manque des qualités et aussi des défauts de l'imagination.

Interprétation des maisons.

Maison I. — Les Gémeaux.

Sa vie s'écoulera au sein d'une famille unie.

Maison II. — Richesses.

Mars en deuxième maison annonce avant tout un chef militaire ; l'astre en bon aspect lui promet la victoire et une victoire qui enrichira lui-même ou son pays.

Mais le Cancer annonce un changement.

Est-ce un changement dans l'orientation de sa politique militaire ?

Après que la France a été considérée par l'Allemagne comme l'ennemie nationale, n'est-ce pas aujourd'hui vers l'Angleterre, que se tourne l'hostilité de l'empereur.

Nous sommes dans la maison II, qui est celle des richesses et, en effet, une guerre anglo-allemande serait surtout économique.

Le présage s'applique-t-il à la succession d'Autriche, qui va s'ouvrir prochainement et qui offre à l'ambition allemande de séduisantes perspectives d'agrandissement et d'enrichissement ?

Maison III. — Le Lion.

Ce signe, qui est celui de la force et des facultés du cœur, ainsi placé annonce une affection profonde pour la famille, et en même temps la prospérité et l'accroissement de celle-ci.

Maison IV.

C'est la maison de la vie privée ; la Vierge présage les qualités d'administration et d'épargne, mais nous trouvons installé là Mercure en mauvais aspect et en double influence ; cette combinaison annonce des troubles et des difficultés, des ennuis au foyer.

Mais cet aspect de la vie du monarque ne nous intéresse pas.

Maison V. — La Balance.

La Balance, symbole de l'équilibre de la modération et de la discipline, promet dans cette maison des enfants soumis, des passions domptées et le maintien de l'harmonie familiale.

Maison VI. — Le Scorpion.

Le signe est mauvais, c'est la santé qui est menacée.

Maison VII.

Dans la maison du mariage, des contrats et des traités, la constellation du Sagittaire semble indiquer la recherche d'alliés.

La faiblesse de l'Allemagne est, en effet, de ne pouvoir réaliser que des alliances instables ; car elle n'a d'allié naturel, que la France, dont la sépare un infranchissable fossé.

La triple alliance avait un caractère artificiel, et se disloque ; — le signe indique que Guillaume cherche et cherchera toujours, et en vain, à la remplacer.

Maison VIII. — Capricorne.

Rencontre de l'élévation, représentée par le Capricorne, dans la maison de la mort.

Cela ne rappelle-t-il pas la mort prématurée de Frédéric II, et la couronne obtenue ainsi avant l'heure.

Neuvième maison. — Le Verseau.
Le Soleil et Vénus conjoints.

Nous avons indiqué un peu plus haut quelle signification présentait la conjonction de ces deux astres.

Cette réunion se produit dans la maison, qui renseigne sur l'intellectualité du sujet; et, en effet, la préoccupation d'éblouir et de séduire semble bien être la caractéristique de l'esprit de Guillaume.

Elle se place également dans le Verseau, ce qui semble promettre que le but poursuivi sera atteint.

Maison X. — Les Poissons.
Jupiter en mauvais aspect.

La présence de Jupiter dans cette maison, annonce le pouvoir, mais Jupiter est en mauvais aspect et dans le signe des Poissons.

C'est donc que le sujet fera de cette puissance un usage qui sera fatal à lui-même ou aux autres. Ce fâcheux résultat sera dû à l'opposition de Mercure, dont l'influence se traduit, nous l'avons vu, par un esprit brouillon, impatient de repos, et porté à se mêler de tout et à troubler tout.

Maison XI. — Le Bélier.

Cette maison est celle des amitiés.

Le Bélier symbolise la volonté énergique et impérieuse, qui vis-à-vis des amis peut-être de l'entêtement, quand elle n'est pas de l'ingratitude.

Si nous appliquons ce présage à Guillaume, nous songeons à Bismarck, congédié après avoir fondé la puissance de l'empire allemand.

Maison XII. — Le Taureau.

Ici le Taureau signifie la force persévérante et patiente d'ennemis qui *attendent, se souviennent et espèrent.*

TROISIÈME PARTIE

L'Emploi de l'Astronomie

CHAPITRE XIV

Prévoir la destinée, c'est la diriger

SOMMAIRE

Dangers que semble présenter la connaissance de l'avenir — Pourquoi les astrologues anciens cachaient leur science, tandis que les modernes la révèlent — L'astrologie, négation du fatalisme — La destinée humaine est le produit de trois facteurs : forces sidérales, — forces terrestres, — forces internes — Nous sommes maîtres de deux de ces facteurs et par suite du produit — Le pêcheur et le vent — Savoir, c'est pouvoir — Prévoir, c'est diriger.

La sage prévoyance de la nature n'a pas voulu que la connaissance de l'avenir fut le lot commun des hommes.

A peine a-t-elle permis que quelques savants puissent, — à force de recherches, de calculs et d'études, — soulever un peu le voile qui la dérobe aux yeux de la foule.

S'inspirant de cet exemple, les sages de l'Antiquité gardaient précieusement dans les mystères des temples, le secret de leurs découvertes.

Tous les fondateurs de religions, tous les pasteurs d'hommes se sont attachés à mettre les peuples en garde contre les dangers de la science de l'occulte.

La mythologie antique nous montre Prométhée, qui a tenté de dérober le secret du feu céleste et que la colère des dieux cloue sur le rocher, où un vautour lui ronge perpétuellement le foie.

La *Genèse* reprend la même idée.

Lorsque le premier homme ouvre à la vie et à la lumière ses sens émerveillés, Dieu lui apparaît et lui dit, en lui montrant les splendeurs de la terre : « Tout ce que tu vois t'appartient, mais garde-toi de toucher à l'arbre de la Science ». Adam désobéit et est condamné à la misère, à la souffrance et au travail.

Ce sont là des symboles empreints d'une sagesse profonde et qui expriment les redoutables conséquences, que peuvent présenter pour des esprits mal préparés la connaissance du Mystérieux et particulièrement celle de l'Avenir.

N'est-il pas à craindre, en effet, que l'homme, sachant quelles influences bénéfiques ou maléfiques président à sa destinée et le poussent vers des événements heureux ou malheureux, ne s'endorme dans une paresseuse confiance ou ne se livre à un morne désespoir.

Ne pourrait-on pas soutenir, que si l'humanité venait à connaître son avenir, immédiatement la vie sociale s'arrêterait ?

Voici un enfant, qui vient de naître et sur la fragile existence duquel se concentrent toutes les espérances de la famille. Les parents feuillettent le livre des astres et apprennent que des malheurs, que des souffrances, que des hontes menacent cette tête si chère. Que de larmes autour de ce berceau !

Voici un homme qui sait qu'à un âge déterminé un effroyable accident l'attend ; quel supplice que sa vie !

Nous connaissons le moment exact de notre mort. De quel œil désespéré allons-nous mesurer la course des heures qui nous entraînent vers la tombe !

Je n'ignore pas qu'une influence fatale me pousse au crime ? Pourquoi y résisterai-je et m'efforcerai-je de me cramponner au bien.

A l'inverse, celui qui sait que la fortune, que la gloire, que la puissance, que le bonheur, lui sont nécessairement assurés, ne sera incité à aucun effort pour les mériter.

Si toutes les destinées peuvent être lues dans les astres, c'est qu'elles y sont écrites à l'avance et alors que deviennent le libre-arbitre, la conscience, la vertu ?

Est-ce que la divulgation de l'absolue science n'entraînerait pas un cataclysme social, où sombreraient la justice, la dignité et l'activité humaines.

S'il en était ainsi, ceux qui publieraient les secrets de l'astrologie devraient être considérés comme des malfaiteurs publics, et la science elle-même mériterait la parole du poète et serait le

.....présent le plus funeste
Qu'ait pu faire aux humains la colère céleste

***

Hâtons-nous de dire que ces SINISTRES PERSPECTIVES N'EXISTENT PAS.

Si nous les avons développées avec quelque complaisance, c'est pour donner à l'argument toute sa force, afin de mieux le réfuter dans les chapitres, qui vont suivre.

Sans doute, dans les temps antiques, alors que les esprits crédules étaient enclins à de dangereuses exagérations, il aurait pu y avoir des inconvénients à divulguer à la foule les révélations de l'astrologie.

Mais le progrès humain a poursuivi son

évolution ; la foi aveugle a fait place à la critique clairvoyante; les intelligences plus mûres et les imaginations plus rassises sont mieux préparées à recevoir la science.

Le sage qui autrefois fermait sa main pleine de vérités, peut aujourd'hui l'ouvrir toute grande.

Les astrologues d'autrefois accomplissaient un devoir social en recherchant le mystère; ceux d'aujourd'hui accomplissent le même devoir en versant à flots la lumière.

Ainsi on refuse à l'enfant à la mamelle une nourriture substantielle et on doit l'assurer à l'adulte.

Cependant ceux qui, comme nous, assument le rôle de vulgarisateurs, doivent avoir grand soin, en dévoilant les règles de l'astrologie, d'indiquer quelle est la foi, que l'on doit avoir en ses prédictions, et dans quel sens elles doivent orienter les actions humaines.

La première vérité que l'on doit proclamer, celle que l'on ne saurait jamais répéter assez et qu'il faut crier et crier encore à la foule est celle-ci :

L'astrologie n'engendre pas le fatalisme; au contraire, elle permet de le combattre.

Lorsqu'elle nous annonce les influences auxquelles nous sommes soumis, les bonheurs qui nous sont promis, les dangers qui nous menacent, elle ne rend pas des ARRÊTS SANS APPEL; elle nous donne des AVIS salutaires, qui nous permettent d'atteindre plus sûrement le bien, d'éviter facilement le mal.

Elle est le poteau placé près du précipice, qui commande au voyageur la prudence et lui permet d'éviter la chute.

La démonstration de cette vérité est facile. L'influence astrale est bien, nous l'avons démontré, la force principale qui dirige nos actions et notre destinée.

Jusqu'ici nous l'avons étudiée comme si elle était seule.

C'était nécessaire ; car il nous fallait avant toute chose, déterminer sa direction.

Du reste par son intensité dynamique, elle est la plus importante; en outre elle est fatale, en ce sens que nous ne pouvons ni la mettre en mouvement, ni éviter son action.

Elle a donc un caractère prépondérant, mais elle n'est pas unique.

Elle se combine avec d'autres forces parallèles, divergentes, convergentes ou opposées et les divers événements, dont le tissu va former notre destinée, seront la résultante de leur combinaison.

Si nous examinons d'un peu près, les diverses actions qui s'exercent sur la vie de l'homme, nous verrons facilement qu'elles doivent nécessairement se décomposer en trois groupes: :

Les forces développées dans l'univers sidéral ;

Les forces développées par notre globe lui-même;

Les forces développées au dedans de nous-mêmes.

Les premières ont fait jusqu'ici l'objet unique de notre étude, et nous n'avons donc plus à nous en occuper d'une façon spéciale.

L'existence des secondes tombe sous les sens et est également démontrée par le raisonnement.

Scientifiquement, l'influence des astres sur notre destinée, s'explique par la loi de gravitation universelle et par la force attractive qui se dégage des masses.

Mais de toutes les planètes, celle qui doit exercer sur nous l'action la plus considérable, c'est la terre sur laquelle nous vivons, à laquelle nous avons emprunté les éléments matériels de notre être, éléments que nous lui restituerons un jour.

Cette action nous échappe par son intensité même et parce qu'elle constitue comme le fond de notre vie, sur laquelle l'action astrale vient broder des variantes.

Il n'est pas davantage nécessaire de démontrer l'existence des forces physiques et morales qui s'agitent en nous et dont la synthèse agissante s'appelle la *volonté*.

***

Tels sont les divers facteurs, qui interviennent dans la destinée humaine.

Le premier est fatal ; il échappe à notre libre arbitre, nous devons le subir tel qu'il est.

Le second dépend en partie de notre volonté, puisque nous pouvons mettre en mouvement et orienter certaines des forces terrestres.

Le troisième enfin est à notre disposition d'une façon absolue, puisqu'il est notre volonté elle-même.

Or c'est un principe d'arithmétique élémentaire, qu'étant donnés trois facteurs, l'un fixe et immuable, l'autre variable dans certaines limites, et le troisième facultatif, on peut obtenir le produit que l'on veut.

L'homme peut donc, nous ne disons pas, malgré l'influence astrale, mais A CAUSE ET A L'AIDE de cette influence, diriger sa destinée.

Une comparaison fera comprendre notre raisonnement.

Voici en pleine mer un pêcheur monté sur une barque légère ; le vent se lève et menace de le jeter sur l'écueil.

Que va faire notre homme ; s'il s'abandonne, s'il reste couché au fond de l'esquif, il est perdu.

Mais il ne désespère pas ; d'un œil exercé, il voit dans quelle direction la tempête le pousse ; à l'aide de la voile il détourne et dirige l'action du vent; il oriente son gouvernail, et la force aveugle de la tempête, qui aurait dû l'entraîner à sa perte, le conduit triomphant dans le port.

Si nous décomposons l'opération, nous verrons que la direction salutaire a été obtenue par la combinaison de trois forces l'une fatale et malfaisante, le vent; — deux conscientes, voulues, l'action de la voile et celle du gouvernail.

Nous pourrions du reste multiplier ces exemples à l'infini.

Au cours de son évolution civilisatrice, le génie humain a, en effet, dompté toutes les forces de le nature, et les a fait servir à son utilité et à son bien-être ; il enferme la vapeur dans un cylindre d'acier et celle-ci travaille pour lui ; la foudre domestiquée l'éclaire, le transporte, transmet sa pensée et sa parole à travers l'espace qu'elle supprime; les océans qui devaient séparer les continents les réunissent ; les lois de la pesanteur qui fixaient l'homme à la terre, l'aident au contraire à s'élever dans les airs.....

Qui a enfanté ces innombrables miracles ? la science dont la devise est : *Savoir*, c'est *pouvoir*.

Cette puissance appliquée aux forces naturelles, l'astrologie va la transposer aux phénomènes surnaturels.

Grâce à elle, l'homme devient maître de sa destinée et sa formule va être : *Prévoir*, c'est *diriger*.

CHAPITRE XV

L'influence astrale corrigée par les forces terrestres

SOMMAIRE

Encore la loi d'analogie — Influence rationnelle de l'alimentation sur la destinée — Pourquoi nous n'insisterons pas sur ce point — Influence heureuse des minéraux et des gemmes.

On peut donc conjurer les influences astrales, en leur opposant des forces terrestres bienfaisantes, qui vont se combiner avec elles et en atténuer les effets.

Par force terrestre, il faut surtout entendre les divers produits que la terre met à notre disposition et qui subissant, comme nous-mêmes, les influences astrales, les portent en eux.

Le raisonnement et la grande loi d'analogie que nous avons énoncée au seuil de ce travail, nous permettent d'affirmer que, de même que les hommes se divisent en sept familles astrales, il est des végétaux, des minéraux, des animaux qui prolongent sur la terre l'action de Mars, de Vénus, de Saturne, etc., etc.

L'homme peut donc, en s'assimilant ces divers objets, s'assimiler aussi les influences qu'ils portent en eux.

Comme le mode d'assimilation le plus énergique est l'absorption par la nutrition, il s'ensuit que notre alimentation va constituer un moyen excellent de modifier, scientifiquement et astrologiquement, notre destinée.

Il est bien entendu qu'il faut, sous cette rubrique d'alimentation, comprendre aussi ces aliments énergiques et à utilité spéciale, que sont les médicaments.

Nous avons déjà fait observer, mais sans y insister à dessein, que les influences astrales se manifestaient, non seulement au moral et dans la vie psychique et sociale, mais encore au physique et dans notre vie physiologique.

Ainsi l'influence saturnienne se traduit par le lymphatisme, l'influence marsienne, par un tempérament bilieux, l'influence jupitérienne, par un tempérament sanguin, etc., etc.

On combattra donc efficacement ces influences en modifiant l'état physique, qui en est la conséquence.

Il faudrait pour s'en étonner, nier l'influence du physique sur le moral.

Or, comme elle est certaine, il est certain aussi, qu'en usant de certains aliments et en nous abstenant de certains autres, nous pouvons *modifier notre avenir.*

En effet, ce sont nos actes qui construisent notre destinée ; c'est notre caractère qui, dans une large mesure oriente nos actes ; c'est notre tempérament qui influe sur notre caractère ; notre alimentation influe sur notre tempérament et le corrige...

C'est là une constatation courante ; nous venons, en même temps, d'expliquer que c'est la conséquence normale des principes astrologiques.

Est-ce donc notre horoscope, qui doit déterminer notre nourriture et notre hygiène !

Théoriquement oui !

Cela n'est-il pas du reste parfaitement logique ?

La consultation astrale me présage la commission d'un meurtre dans un moment de colère ; — ne ferai-je pas bien de m'abstenir d'alcool ?

Facilement, nous pourrions sur ce point bâtir une théorie complète.

Mais ce serait empiéter sur le domaine de la médecine, et celle-ci, est arrivée à un tel degré de perfection qu'elle se suffit à elle-même.

Du reste, les prescriptions qu'elle indique, —

et qui sont comme nos propres préceptes, basées sur la vérité induite, c'est-à-dire sur l'expérience, — ne diffèrent pas sensiblement de celles que comporterait un traitement astrologique.

Nous n'insisterons donc pas davantage à ce sujet, et nous nous contenterons de conseiller à ceux qui sont menacés astrologiquement d'une catastrophe, d'une destinée orageuse ou fâcheuse, de se demander si le danger n'est pas susceptible d'avoir pour cause immédiate une faiblesse de leur caractère, et si celle-ci ne peut pas se rattacher à un vice de leur tempérament.

En ce cas, qu'ils n'hésitent pas à aller consulter un homme de l'art. En assurant leur santé physique, ils assureront leur santé morale et par là leur bonheur.

Quelques autorités astrologiques affirment, en se basant sur des traditions antiques, et le raisonnement, que certains minéraux et pierres précieuses, correspondant plus particulièrement à la composition essentielle de certains astres, recèlent en eux des foyers d'influences, qu'ils communiquent à ceux qui les portent.

Sans insister beaucoup en ce sujet, nous nous contenterons d'en indiquer la liste.

L'influence *du Soleil* est, dit-on, contenue dans l'onyx et l'or.

Il est certain que cet astre présidant au pouvoir et à l'élévation, la puissance de l'or est pour son action un stimulant puissant. Mais, à ce point de vue spécial, l'influence du précieux métal n'est pas uniquement sidérale.

L'action bénéfique de la *Lune* est développée par la topaze et l'argent.

Celle de *Mars* en bon aspect est provoquée par l'acier et le rubis ; s'il se présente en mauvais aspect, on peut conjurer le danger par l'émeraude.

La déplorable influence de *Saturne* est améliorée par l'agathe et l'opale ; celle-ci présente cet avantage qu'elle devient plus terne, dit-on, quand le danger est proche.

On obtient *Vénus* favorable et on atténue son aspect maléfique, par la perle, le grenat, le béryl.

L'influence de *Jupiter* se communique par le diamant, le cristal.

L'action de *Mercure* est mise en mouvement par l'améthiste et le corail, combattue, quand elle est maléfique, par le jaspe et la chrysolithe.

Nous n'affirmerons. pas qu'il faille attacher à ces indications une trop grande importance. En tous cas, si ce procédé de conjuration n'est pas à la portée de tous, il est au moins agréable et, si son usage n'assure pas à nos lectrices le bonheur absolu, elles lui devront au moins un appréciable agrément.

CHAPITRE XVI

La prévoyance et la volonté se combinant avec les influences sidérales et les modifiant

Sommaire

Puissance de la volonté consciente opposée à l'impuissance de la volonté ignorante — L'astrologie garantit le libre arbitre — L'interprétation de l'horoscope nous permet de voir en quel sens notre volonté doit se diriger — Le mariage considéré comme moyen d'influer sur la destinée — Nécessité avant tout mariage ou toute association de connaître et de comparer les horoscopes des personnes en présence — Théorie des concordances astrologiques — Combinaison des influences sidérales — Puissance de la volonté directe.

CONCLUSION

Affirmation de la dignité humaine et de la puissance du vouloir humain.

Nous portons en nous-même, le meilleur moyen de conjurer les influences astrales et de les orienter dans un sens favorable.

Il est constitué par notre propre volonté.

Nous avons dans l'introduction de ce travail affirmé la faiblesse de la volonté ignorante ; — mais c'était pour mieux démontrer la toute puissance de la volonté consciente.

Depuis quelques années, une science nouvelle s'est formée, qui a permis de mesurer la puissance dirigeante et créatrice de cette force intense, qui existe dans chacun de nous.

Grâce à elle, l'homme occupe dans l'univers une situation privilégiée. Tandis que le reste de la nature obéit aveuglément aux forces sidérales ou terrestres, lui seul, peut, tout en subissant leur influence, les diriger presqu'à son gré et atteindre, grâce à elles, le but qu'il a assigné à sa vie.

Pour cela, il faut et il suffit QU'IL SACHE !

Si, en effet, j'ignore quelles sont les influences que je subis et vers quels événements elles me poussent, à quoi me servira mon libre arbitre.

En vain, je donne à ma vie une orientation sage et prudente, à chaque instant des événements que je n'ai pu prévoir, des forces dont je n'ai pas tenu compte, me détourneront de mon chemin.

Pour reprendre un exemple précédemment indiqué, à quoi servira au pêcheur d'avoir tendu sa voile et habilement placé la barre, s'il n'a pas calculé la direction et la force du vent? Le gouvernail sera brisé, la voile emportée et le bateau ira à la dérive. Au contraire, si notre marin est sage, s'il sait d'où vient la brise, il assurera facilement sa direction.

Tantôt il se laissera pousser par elle, tendant la voile pour la recueillir et faciliter son action. Si elle est contraire, il ne cherchera pas à lutter, mais il louvoiera, s'efforcera par des dispositions habiles de faire un angle avec le vent, et il atteindra ainsi, par des moyens détournés, le but auquel il tendait.

Ainsi celui, qui sera instruit des influences qu'il subit, pourra à sa volonté, les faciliter, les conjurer, les diriger et par là se diriger lui-même.

Il n'y a de libre arbitre que si nous connaissons la portée et la conséquence de nos actes; aussi peut-on peut dire qu'un horoscope bien dressé est la meilleure garantie, non seulement du bonheur, mais encore de la liberté.

En revanche, c'est le libre arbitre qui va préciser et déterminer le sens de l'horoscope.

Nous allons voir comment à l'aide d'un exemple.

***

Pour ne pas compliquer la situation, conservons toujours le même thème que nous avons suivi à travers ses modalités.

Au surplus, et bien que nous l'ayons choisi au hasard, il est caractéristique.

Il présente une série d'éléments favorables, qui, isolés, doivent avoir pour conséquence une existence modeste, mais tranquille et heureuse.

Cependant, il menace d'aboutir à une série de catastrophes.

Quelle sera l'origine de celles-ci ?

Si nous examinons le caractère du sujet, nous nous apercevons, qu'il présente une fissure, par où le malheur pourra se glisser.

Cette fissure est constituée *astrologiquement* par la *carence de Jupiter*, carence qui, moralement et pratiquement, se traduit par un défaut de fermeté morale et par une facilité trop grande à se laisser entraîner à des entreprises suspectes.

Par cette fissure Mercure pénétrera et Mercure en mauvais aspect, c'est-à-dire le faiseur de dupes, qui sous des aspects séduisants, cache une profonde perversité morale et une redoutable habileté; à sa suite, se glissera Saturne, la sombre source des vilenies, des malheurs et des souffrances.

On comprend, que si une volonté vigilante s'attache à fermer la brèche par où le mal va pénétrer, tout peut être réparé.

Aussi les parents instruits de l'horoscope, les amis, tous ceux qui contribueront à l'éducation de l'enfant, vont-ils avoir comme première obligation d'employer leurs efforts à lui apprendre à être ferme, à ne pas transiger avec sa conscience, à ne se lier qu'à bon escient, à ne pas se lancer en d'aventureuses entreprises, à se défier des apparences et à résister aux séductions des promesses trompeuses.

Ils sauront qu'il existe une force salutaire, celle de l'amour conjugal, capable de contrebalancer les influences mauvaises ; ils en faciliteront le développement, et ils chercheront dans la future compagne du sujet précisément les qualités, qui tiendront en échec les défauts de celui-ci.

L'enfant devenu homme, connaissant les dangers qui le menacent, sera incité à une prudence salutaire.

Là où la volonté ignorante aurait été insuffisante, la volonté avertie pourra utilement aiguiller l'évolution vitale sur la voie qui conduit au bonheur.

***

Il est encore un moyen logique de corriger une destinée fâcheuse. Nous y avons fait allusion tout à l'heure.

Il s'agit du mariage.

Le mariage, quand il est, non pas un mariage d'intérêts, mais une union née à la fois de la raison et de l'amour, constitue entre les époux une communauté intime, dans laquelle les deux existences se confondent, où bonheur et malheur, souffrances et joies deviennent communs.

Dans ces conditions, les forces astrales qui président à la destinée des époux vont nécessairement se combiner.

Ceci est évident.

Supposons, en effet, que dans le thème du fiancé, nous trouvions Saturne en mauvais aspect dans le Cancer, en maison V.

Cette maison, nous le savons, est celle des enfants. Le Cancer annonce les souffrances, les difficultés, les maladies; Saturne est la source du mal à la fois physique et moral, et spécialement, il sème à travers le monde, les contagions, les épidémies, les souffrances de toute nature.

Une telle combinaison est donc aussi claire que redoutable.

Le sujet sera malheureux dans ses enfants.

S'il épouse une femme dont l'horoscope est semblable au sien, malheur à leur postérité!

Mais si, au contraire, cet horoscope présente sur le même point: Vénus en bon aspect, dans le Lion, en Maison V, le présage devient éminemment favorable.

Dans ces conditions, deux forces contraires, l'une maléfique, l'autre bénéfique, vont s'exercer sur les mêmes enfants.

Il faudra nécessairement que l'une ou l'autre l'emporte.

Nous allons nous trouver dans une hypothèse que l'on peut rapprocher de celle de la conjonction; nous raisonnerons donc de même et nous admettrons que le bien l'emportera sur le mal.

L'influence favorable de la mère aura ainsi conjuré l'influence défavorable du père.

Le même raisonnement peut s'étendre à toutes les hypothèses, à tous les présages et à tous les dangers.

Ces considérations nous amènent à dégager une règle de prudence, qu'il est bon de proclamer.

Lorsqu'une personne est sur le point de se marier, c'est-à-dire au moment où elle prend la responsabilité, — redoutable pour un homme de conscience et de cœur, — de fonder une famille, elle devrait toujours, si elle ne l'a déjà fait, dresser son propre horoscope et l'étudier, en se plaçant au point de vue de l'acte considérable qu'elle va accomplir.

Elle devra interroger la VIIe maison, qui est celle du mariage, la Ve qui est celle des enfants, la IVe qui est celle du foyer. Pareillement, elle tiendra compte des aspects particuliers de Vénus.

Mais sa sagesse ne devra pas s'arrêter là.

Qu'elle établisse aussi le thème de sa fiancée et l'interprète avec soin.

Mais surtout qu'elle le compare au sien propre.

Des influences favorables semblables se conjugueront harmoniquement.

Vénus en bon aspect dans les deux thèmes sera une garantie d'amour partagé etc., etc.

Les influences contraires pourront se contrebalancer et aboutir au bien.

Mais si des présages funestes se manifestent dans le même sens, qu'elle prenne garde.

Nos lecteurs sont désormais assez au courant des combinaisons astrales, pour que nous n'ayons pas besoin de multiplier des exemples qu'ils imagineront eux-mêmes.

Ce que nous conseillons au fiancé, nous le recommanderons avec plus d'insistance encore à la jeune fille ou à ses parents.

Si la réponse des astres est favorable, que les jeunes mariés se lancent avec confiance dans l'avenir ; — si elle est menaçante, nous ne dirons pas qu'ils s'arrêtent ; — le cœur, a dit Pascal, a des raisons que la raison ne connaît pas, — mais qu'ils se tiennent en garde contre les dangers qui les menacent et se préparent à les conjurer.

A la veille d'un mariage, les époux s'informent

soigneusement de leurs dots respectives et en vérifient l'existence et la consistance.

Ne serait-il pas aussi sage de s'intéresser au moins autant à l'apport de chance et de bonheur que chacun est susceptible de faire ?

On entend fréquemment dire, dans le langage, courant, en parlant d'un homme qui, pendant qu'il était célibataire voyait fondre sur lui des ennuis de toute sorte : « Son mariage lui a porté bonheur ! » Et, en effet, depuis cette époque la chance a tourné et tout lui réussit.

Cette expression populaire est la traduction et la preuve expérimentale du phénomène de mécanique astrale, que nous venons d'indiquer.

***

Ce que nous avons dit du mariage, il faut le dire de toutes les sociétés et de toutes les manifestations de la vie sociale, où se trouvent combinés les intérêts, les volontés et les actions de plusieurs individus.

Lors donc, que nous contractons une association quelconque avec quelqu'un, nous devons nous efforcer de rechercher dans notre futur associé les qualités personnelles et les influences sidérales qui nous manquent, et nous demander si celles qu'il possède sont complémentaires des nôtres ou en harmonie avec elles.

Par là, nous arriverons scientifiquement à modifier, à améliorer et à corriger notre propre destinée.

Aussi ne devons-nous pas hésiter à demander — ou plus simplement à établir nous-mêmes — l'horoscope des personnes avec qui nous mettent en rapport les nécessités sociales.

Cet horoscope nous indiquera, si nos relations doivent être avantageuses ou nuisibles ; dans le premier cas nous les continuerons, dans le second la prudence nous commandera de les rompre ou de les surveiller.

Cette concordance d'horoscope, à *l'occasion* D'UN MARIAGE *ou d'une association*, peut se déterminer facilement par le raisonnement et l'analyse.

Voici comment il faut procéder :

Nous traduirons les deux thèmes, comme nous l'avons fait pour celui que nous avons pris pour type, et nous joindrons, dans chaque maison, les résultats de ces deux interprétations.

Cela fait, il nous sera facile de voir si la combinaison totale est meilleure ou plus mauvaise que chacune des combinaisons séparées.

Nous n'oublierons pas que, à influence égale, le bien l'emporte sur le mal.

Prenons par exemple, la deuxième maison, celle des richesses.

Mon thème donne : *La Lune dans le Sagittaire* ;

Et celui de mon futur associé : *Jupiter en bon aspect dans le Taureau.*

Un contrat passé dans de telles conditions sera avantageux pour les deux parties et certainement pour moi.

En effet, je vais apporter de mon côté, l'imagination (Lune) et l'esprit d'inventions (Sagittaire) qualités précieuses sans doute, mais dont l'exaltation comporte de redoutables inconvénients.

En revanche, l'horoscope de mon associé annonce la loyauté, la haute maturité de l'esprit, (Jupiter), la persévérance dans un travail fructueux.

Il est évident que, s'il s'agit pour nous d'une association industrielle, l'idéal va se trouver ainsi réalisé.

Il n'y a pas à hésiter. Signons le contrat !

Supposons, au contraire, que le premier thème restant le même, le second soit : *Mercure en mauvais aspect dans le Scorpion.*

Un tel horoscope annonce que l'éloquence séduisante et trompeuse de mon co-contractant, son habileté dans les affaires (Mercure) vont abuser de l'exaltation de mon imagination (Lune), de ma promptitude à me lancer dans les aventures, (Sagittaire) et me jeter dans des difficultés (Scorpion).

Dans ces conditions, la prudence me commande de rompre le contrat.

Ce que nous venons de faire, pour la seconde maison solaire, il faut le répéter pour toutes, ou tout au moins pour celles, qui ont quelques rapports avec la catégorie de manifestations sociales, en vue desquelles l'association est faite.

Nous ne pensons pas qu'il soit nécessaire d'insister davantage.

Le lecteur qui a bien voulu nous suivre, au cours de cette étude élémentaire, mais rigoureusement scientifique et consciencieuse, possède maintenant les clefs de la science astrologique et il est en état d'étudier, soit un horoscope isolé, soit la combinaison des horoscopes entre eux.

Il voit dans quel sens il doit orienter son énergie et sa prévoyance, afin de déjouer les pièges que la destinée lui tend.

Mais en dehors même de ces actes d'habile et prudente sagesse, l'homme peut tenir en échec les influences astrales.

Nous possédons, en effet, en nous-mêmes une source de puissances et un réservoir de forces.

Nous avons indiqué comment nous pouvions

influencer la destinée en agissant ; il nous reste à affirmer, que nous pouvons la transformer EN VOULANT.

Une VOLONTÉ ferme, perpétuellement tendue vers un même but est toute puissante et peut prévaloir même contre les formidables influences sidérales.

Un danger me menace : Il suffit que je *le connaisse* et que je veuille fermement, avec une inlassable persévérance, lui échapper, pour qu'il soit conjuré.

Je consulte mon horoscope.

Celui-ci par exemple, m'annonce (Vénus en mauvais aspect) que je ne serai jamais aimé.

Je ne dois pas désespérer. En tendant toutes mes énergies vitales vers ce but, je dois l'atteindre, malgré les astres et malgré le destin.

Et si je ne sens pas en moi une puissance de volonté suffisante, il m'est possible de faire appel à une volonté amie et d'opposer au groupement des forces aveugles que la destinée m'oppose, le groupement des résistances conscientes.

Mais ici, nous devrions changer de domaine et passer à l'étude des phénomènes de suggestion.

La suggestion, en effet, qui guérit les maladies physiques et les maladies morales peut guérir aussi ce mal redoutable qui est le défaut de chance.

Nous n'avons pas à insister sur ce sujet.

Nous nous bornerons à terminer notre travail par une affirmation consolante.

L'astrologie, en nous dévoilant l'avenir, se propose de le rendre prospère ; elle nous annonce le bonheur afin que nous puissions l'assurer davantage; elle nous dénonce les malheurs, pour nous permettre de les conjurer.

Elle ressemble sur ce point à la médecine ; elle ne recherche le diagnostic des maux dont nous souffrons, que pour en faciliter la guérison.

CONCLUSION

Arrivés à la fin de ce travail, nous devons en résumer l'esprit en quelques lignes.

***

Lorsque l'homme jette un coup d'œil sur l'immensité céleste ;

Lorsqu'il feuillette un ouvrage d'astronomie et voit traduites en chiffres, — que notre science détermine, mais que notre imagination ne peut concevoir, —les distances, les masses, les forces des astres qui se meuvent autour de lui ;

Lorsque sa raison lui dit, qu'il n'est lui-même qu'un atome perdu dans l'infini et entraîné dans le formidable mouvement qui emporte l'univers ;

Il éprouve tout d'abord un mouvement de désespoir et de découragement.

Mais bientôt, il se ressaisit.

Il sent, que dans cet effrayant tourbillon de puissances et de forces, lui-même est une force et une puissance.

IL SAIT ET IL VEUT !

Grâce à la science, il n'est plus la feuille desséchée, que l'ouragan emporte on se sait où.

Il détermine avec précision le point vers lequel l'entraînent les forces sidérales.

Grâce à la volonté, il combine ces forces, il les modifie, il les transforme, et il s'en sert pour arriver au but qu'il lui plaît d'atteindre.

C'est ainsi que cette étude, qui semblait devoir nous conduire au plus désespérant fatalisme aboutit à une éclatante affirmation de la dignité humaine, épanouie en cette formule :

Savoir = Pouvoir !

FIN

TABLE

CHAPITRE II

Les principes et les forces de l'Astrologie

CHAPITRE III

Influences directes et fixes des Constellations zodiacales sur l'humanité et l'homme

CHAPITRE IV

Astralités, patries ou tribus astrales

CHAPITRE V

De l'Horoscope en général

CHAPITRE VI

Du Thème de Nativité

CHAPITRE VII

Le Thème de Tôth ou Heptascope

CHAPITRE VIII

Thèmes de Pré-Nativité, Thème de Conception Thème du 7e mois Ternaire

CHAPITRE IX

Position des Planètes dans la zone zodiacale orientée

CHAPITRE X

Théories préliminaires a l'interprétation d'un Horoscope

CHAPITRE XI

De l'interprétation du Thème

CHAPITRE XII

De l'interprétation d'un Horoscope

CHAPITRE XIII

Exercices Astrologiques

CHAPITRE XIV

Prévoir la destinée, c'est la diriger

CHAPITRE XV

L'influence astrale corrigée par les forces terrestres

CHAPITRE XVI

La prévoyance et la volonté se combinant avec les influences sidérales et les modifiant

Fontenay-aux-Roses (Seine). — Imp. Louis Bellenand.

www.ingramcontent.com/pod-product-compliance
Ingram Content Group UK Ltd.
Pitfield, Milton Keynes, MK11 3LW, UK
UKHW020208250726
13967UKWH00003B/1346